U0661543

你有多强大，世界就有多温柔

彭文金 著

文匯出版社

图书在版编目 (CIP) 数据

你有多强大，世界就有多温柔 / 彭文金著. — 上海
: 文汇出版社，2018.10
ISBN 978-7-5496-2730-1

Ⅰ. ①你… Ⅱ. ①彭… Ⅲ. ①成功心理－通俗读物
Ⅳ. ①B848.4-49

中国版本图书馆 CIP 数据核字 (2018) 第 223149 号

你有多强大，世界就有多温柔

著　　者 / 彭文金
责任编辑 / 戴　铮
装帧设计 / 天之赋设计室

出版发行 / **文匯**出版社
上海市威海路 755 号
（邮政编码：200041）
经　　销 / 全国新华书店
印　　制 / 三河市嵩川印刷有限公司
版　　次 / 2018 年 10 月第 1 版
印　　次 / 2024 年 5 月第 3 次印刷
开　　本 / 880×1230　1/32
字　　数 / 158 千字
印　　张 / 8

书　　号 / ISBN 978-7-5496-2730-1
定　　价 / 42.00 元

序 言

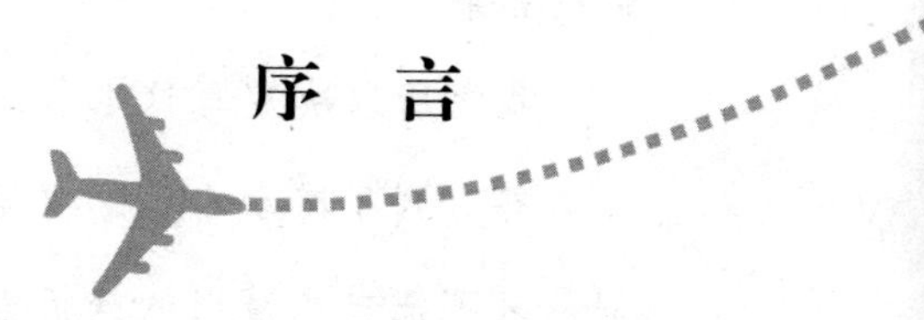

用自己喜欢的方式，过自己想要的人生

我在下笔写这本书前犹豫了很久，因为有人在看了我之前出的书后，问我：“你写了那么多的鸡汤，到底有什么用？”

我从来不把自己的文章定义为鸡汤，我只是在把这个人的故事讲给那个人听而已。如果你确实感到那些是励志故事，那也只是他人把自己的人生过成了励志的样子。

也有人曾这样问我：“请你解释一下，什么样的人生才是最好的人生？”

首先，我认为人只要活得有意义，上无愧于天，下无愧于地，那就无须向任何人解释。但非要说什么样的人生才是最好的人生，那每个人当然会有不同的答案。

我之所以决定写这本书，是因为真的看到有很多人努力到了感动自己，拼搏到了奋不顾身——他们从来不把自己遭遇的挫折当作苦难，反而视之为重生的必经之路。

以前我一度迷茫，在遇到很多事情的时候常常会手足无措。那时候，我无法安慰自己，也找不到任何理由来说服自己要怎样去做选择。后来，有人告诉我：在“不知道”和“不确定”的时候，你不用回头，只管往前走。

简单的道理我们都懂，或许曾经我们也这样安慰过别人，可是当自己面对同类事情的时候，总是没法自我安慰。所以，写书的目的就在于此：我要记录那些在挫折面前不认输的强者，给有需要的人一点慰藉——哪怕只是短短的瞬间。

一个人可能一生没有到过一马平川的草原，也未曾见过雄壮的大漠孤烟，但一定要告诉自己：无论世界是什么样子，我的内心都可以“海阔天空”。生活再怎么艰难，我也要笑着坦然面对，活成自己的英雄。

生活本身就是一种修炼，所有的遭遇都是一个人必须要经受的考验。我们无法逃避，并且逃避终究改变不了现实，也就带不来真正的成长。踏上人生之路，我们必须扛起属于自己的那份艰难，因为在现实面前，我们都没有捷径可走。

热闹过后，你终究要一个人面对孤独的日子，走过布满荆棘的路，翻过无数高山，跨过波涛汹涌的大海，承受无人能懂的苦痛，那样才能在风雨过后看到彩虹。也只有经得起打击，你的生活才可能更容易一点。

尼采说："每一个不曾起舞的日子，都是对生命的辜负。"

我们之所以每一天都要努力，就在于年轻的生命不是用来享受的。而生命的厚重就在于，经过了现实的重重打击，你在历练中不断变得羽翼丰满，成长后不再锋芒毕露，成功后更坦然了。

梭罗说："一个人怎么看待自己，往往暗示着自己的命运。"成千上万的人寂寞而绝望地活在这个世界上，所谓"听天由命"，正是对绝望的认定。

不管现在你过的是什么日子，不管你喜不喜欢现在的生活，不管命运如何埋没了你的内心，你一定要清醒地告诉自己，今天就算满天乌云密布，明天太阳也总是会灿烂地升起。

这个世界没有那么多的金玉良言，你只有亲身去走那些未曾走过的路，才会找到自己想要的答案。你那么努力，就一定不要辜负自己。世界本身没那么残酷，你何必还要过自己不喜欢的生活呢？

愿所有的朋友，在最好的年纪里做自己最想做的事情，能够用自己喜欢的方式过自己想要的人生。

彭文金

于合肥市九龙路

目　录

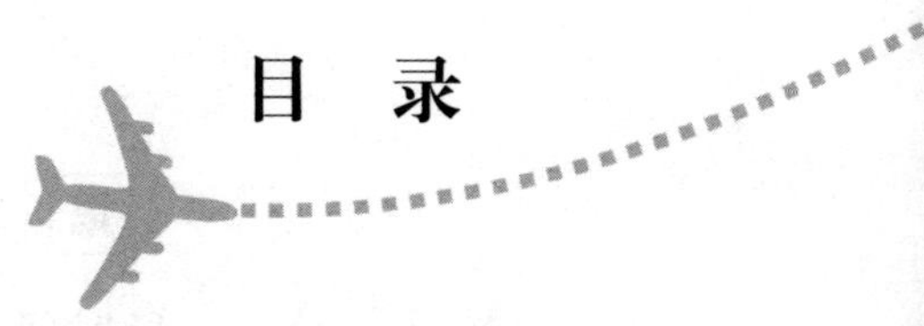

第一章

咬紧牙关，与梦想惺惺相惜

第二章

总有一段时间你是低迷走过的

第三章

你所选择的安逸，是自己不想改变的现状

第四章

生活哪有那么简单，所以只能拼命

第五章

梦想不会辜负执着的人

第一章

咬紧牙关，与梦想惺惺相惜

在这个纷繁复杂的世界里，你一定要心怀梦想，哪怕一路坎坷也要越挫越勇，不断让自己变得羽翼丰满。

1. 咬紧牙关，与梦想惺惺相惜

在这个纷繁复杂的世界里，你一定要心怀梦想，哪怕一路坎坷也要越挫越勇，不断让自己变得羽翼丰满。

一

白岩松说过这样一段话：“走到生命的哪一个阶段，都该喜欢那一段时光，完成那一阶段该完成的职责，顺生而行，不沉迷过去，不狂热地期待着未来，生命这样就好。不管正经历着怎样的挣扎与挑战，或许我们都只有一个选择：虽然痛苦，却依然要快乐，并相信未来。”

我记得一开始写作的时候，自己受到了质疑，很多人对我说：“你不要写作了，毕竟有那么多的人在写作，但成功了的并没有几个。”

他们说的话听起来不无道理，但很多事情我们不能因为做的人多，成功的人少而放弃。况且，有些事情只有经历过后，自己才会懂得其中的意义。

那时候，我已经写了不少稿子，但是当我投稿后面对编辑的时候，通通被 pass 掉了。当时我真的犹豫了很久，也不知道自己能不能把写作这件事情坚持到最后。

好在我内心还是喜欢写作的，也就在那段看不到希望的日子里坚持了下来，直到后来出了书我才明白，一件事情没有做到最后，你永远不能给自己“判死刑”。所以，我没有预想中的喜悦，好像一切都是应该的，毕竟一路走来的过程只有自己清楚。

那时候我白天忙着上班，晚上回家草草吃完晚饭，就把所有时间都放在写稿子上了。尽管有时候真的累到想放弃，可是一想到身边那些比自己更加拼命的人，我就觉得自己的努力都算不上什么了。

二

几年前，有个朋友去上海打拼，一开始的时候他热血沸腾，说得好像整个上海滩都将是他的天下。我相信，那时候他二十岁出头，所谓“年少轻狂”，一定是满怀希望的。

所以，踏上上海的那一天，他跟我说，他一定会走出一条属于自己的路。

可是不到一年，他选择离开了上海。他说，那里的生活节奏太快，工作、生活与他梦想中的样子有太大的差别，于是，他选择回到老家的一家银行上班。

无论什么样的生活，节奏快或慢；还是在大城市，或是小城市，都是一个人的选择。但我知道，在大城市打拼的你，一定会有更大的抱负，还会有更大的格局。

曾经，我为了省钱而凌晨五点起床去赶最早的公交车，在车上看着那些跟我一样早起的年轻人打着哈欠的样子，我感慨良多。

我以为自己已经很努力了，可是真的有人比我更努力，那就是大城市的上班族。虽然有很长一段时间我过得很压抑，但我一直觉得自己足够幸运——我能在茫茫人海之中不断打磨自己的锐气。

有无数的人这样默默努力着，却从来不会抱怨生活。他们都是这样，早起晚睡，早出晚归。他们没有高收入，没有房子、车子，不是生活的佼佼者，但都在咬紧牙关生活着。

可能你会怕努力之后没结果，怕某一天生活给自己当头棒喝。可越是怕，你就会越加小心翼翼，也就不可能迈出更大的脚步了。这需要一个过程，只有走出来，你才会看到更广阔的天空。

被上司责怪，被同事嘲笑，被房东催房租等，那都不是我们生存的压力，而是动力。我想，我们的人生不是为了解决生存的问题，而是解决内心的问题——不为别人，只为那个一直都在努力的自己。

曾经我告诉自己，一定要让自己的文字感动更多的人，让他们在我的文字里看到希望。所以，在后来的日子里，尽管荆棘丛生，遭受了质疑并被泼冷水，但我还是告诉自己：只要选择是正确的，那就奋力一搏。

我知道无论怎样选择，生活总得自己去过，努力去做该做的事情，绝对不能轻易妥协。

别人不知道我正在遭受什么艰难，我不否认自己过得辛苦，我也不知道结果会是什么样子，可心怀梦想的人真的不会觉得日子是艰难的。

三

有时候，我们会觉得无比温暖，自己明知道前路不易，明知道可能会被生活打倒，却不会因此望而却步。

我看过那些住着地下室仍旧满怀激情的人，也看过那些为了省几块钱而走半个小时到离公司好远的小巷吃饭的人……所谓“生活各有不同”，但梦想不分高低贵贱，我们要尊重每一个努力的人。

其实，你也会看到，有些人努力了那么久，仍旧会一无所获。这就是现实，它不会给你许诺，也不会取悦于你。但它不像买彩票，成功的概率没那么低；相反，它需要的是你的坚持。

一个人越是把收获看得太重要，那么，失去的时候失望也会更大。有些付出注定是不可能有结果的，却是你无可避免要去做的。人生就是这样，你只有不断去做才会看到存在的价值。

我们都会经历风雨，都会遭受失落，都会跌倒。可不要忘了，我们还年轻，我们输得起——没有翻不过的山，也没有蹚不过的河，只有跨不过的心坎。

在这个纷繁复杂的世界里，你一定要心怀梦想，哪怕一路坎坷也要越挫越勇，不断让自己变得羽翼丰满。你一定要披荆斩棘，为自己的梦想保驾护航，不再为俗事惊扰，也不再为琐事颠沛流离。在每一次的前进中，不断靠近你想到达的目的地。

愿你一路无所畏惧，让自己的梦想开花结果。在每一个充满希望的日子里，与自己的梦想惺惺相惜。

2. 努力的姑娘，看起来真的很美

> 无论如何，我们都不能让自己在生活的浪涛中变得麻木，因为有时选择一条路后，我们可能要花一辈子的时间去走，但我们也可能会庸庸碌碌，一辈子无法走出人生的局限。

一

朋友孙雨霏还不到三十岁，但现在她已经是一家私营企业的人力资源部经理了。前段时间我回了一趟老家，与她见面吃饭的时候，我特别对她这些年的成就表示了祝贺。但她只是抿嘴一笑，说："这些年只是运气好而已！"

谦虚一向是孙雨霏的习惯，她从来不会因为自己有所成就而高调做人。记得大学快毕业前，我跟她一起到人社局去实习，当时我们被安排在仲裁部门，领导特别负责，做什么事都会叫我们一起去。

我们看到了很多工人因为没签劳动合同而造成了损失，而这样的问题大都发生在身边的弱势农民工群体身上。每次遇到这样的案子，孙雨霏总是会为农民工据理力争，就算是在法庭上她也会力挺农民工。

实习的时候，我们的工作很轻松，只要每天按领导的要求整理好相关资料，到法院等部门进行对接就行了。

而孙雨霏从来都不限于此。在实习的过程中，她总是会早早地做完一天的工作，然后把剩下的时间用来对我们所遇到的问题提出解决方案，尤其是帮扶那些缺乏法律意识的人。

那时候，领导跟我们说："这种事情不是一时能够解决的，而是需要更多的人一同去努力。当然，这需要一个长期的过程，不仅要改变工人的意识，就连企业都需要改变。这是整个社会的问题，你们把手头工作做好就行了。"

当时，孙雨霏没有反驳，下班后一起吃饭时，她说："正因为需要一点点去改变，我们更应该从自己开始做起。如果每个人都把希望寄托于他人，而自己不行动，那问题最终能够解决的可能性几乎为零。所以，在有机会的时候我们就要尽可能地多做一些事情。"

孙雨霏就是这样，自己认定的事就会很努力地去做。所以，当时在短短两个月的时间里，她结交了很多朋友。

二

前段时间，赵丽颖作为演讲嘉宾登上《星空演讲》的舞台，分享了她心中的“英雄梦”。

面对自己时常被嫌弃的农民家庭出身，赵丽颖毫不掩饰地说：“我出身农村，祖辈都是农民。农民出身这个问题没有什么可回避的。”讲到动情处，她数度哽咽，但还是努力让自己保持微笑面对观众。

在开始演戏的最初七年里，她只能演配角。当时，有人说，圆脸的女人演不了主角。为什么呢？因为形象有局限，不大气，所以演不了较为重要的角色，只能演丫鬟、妹妹、孙女等相关配角。

赵丽颖很不服气，一个演员的价值为什么要因为脸形而被定义呢？所以，她只能默默地在每个角色上下功夫，等待机会的出现。当时，她在心里暗暗发誓：一旦有机会了，我一定会拼命地抓住！

赵丽颖说：“其实，我不知道不会说话的定义是什么，但如果在不了解事情的前因后果之前，仅仅靠几句话就来武断和判定你的人品，给你整个人下定义，贴标签（是不准确的）。

“那么，在这种情况下，我这么性格直接，确实很容易被人误解。没关系，那我就少说一点嘛，我可以多做，对不对？我可以用行动的力量去战胜一切，我可以做给你看，用作品说话。”

最后，她说出了女人的“英雄梦”：“我希望她们可以拥有更丰富的思想，积极地去追求自己的信仰，男人如果有英雄梦，为什么女人就不行呢？”

听完赵丽颖的演讲后，我内心充满了感动。在这之前，我们可能只知道她演戏的实力，却不知道她在成功之前所经历的点点滴滴。这样的一个姑娘，努力从平凡做到了不平凡，最终得到了曾经否定她的人的赞同。

可能很多人都曾被人否定过，其实这并不可怕；可怕的是，你在心里认同了别人眼中的你，自认为“不行”。但是，一个人只要努力起来，可能性也就有了——那就叫“行”！

三

朋友李甜甜毕业后就到了现在工作的公司做HR。那时候，公司的人员变动特别大，往往招聘进来的新人工作没多久就会选择辞职，而人员搭配不合理等因素导致公司的效率也极低。

为了解决这些问题，李甜甜申请要了解所有员工的资料，并根据个人情况进行调整。好在总经理对此表示支持，并亲自指导了她一番。

工作半年后，李甜甜到成都、武汉、南京等地去招聘。那时候，我们经常在朋友圈看到她的踪迹：白天举行面试、笔试，晚上加班加点筛选简历，与同事共同讨论。

在循序渐进地进行人力配置变动后，公司员工几乎都能人尽其才，工作效率也有了很大的提高——人人都有事做，大家真的好像重生了，充满了生气。

经过几年的打拼，李甜甜坐到了人力资源部经理的位置。她看起来真的很忙碌，参加招聘会尽管没有之前那样多了，但是每天都有各种人事问题需要处理。可是，努力的姑娘看起来很美——在那个年龄里，她做出了“女强人”的姿态。

但是，没有多少人知道李甜甜坐上人力资源部经理这个位置所经历的过程。有一次，她一个人到C市的一个小镇做调研，一个女孩子就住在荒山野岭的工地上，白天还会戴着安全帽跟着一群五大三粗的男人到工地去考察。

从数据统计到数据分析，再到数据总结，每一个过程都是她在矮小的工棚里完成的。她吃的是馒头加泡菜，睡的是铁架小床，夜里热得直冒汗，但她一点都不矫情。

回来后，根据实际情况，她为公司制订了一套完备的人力配置规划。

后来提起这段经历的时候，她说：“你不知道，每次入睡之前我都提心吊胆的，醒来的时候总是充满了感恩。那时尽管很累，却是一种新活法。”

她就是这样拼命的人。看吧，我们只关注谁是女强人，可是不知道一个女强人的成功同样需要慢慢去熬。

四

或许你也曾面临很多艰难的抉择，难以适应工作环境，无法融入企业文化，时常被领导斥责，还被同事嘲笑……但是，这就是现实。我们战胜了一切艰难，也就是在努力活着。但是，所有的艰难，女人同样能够战胜，就像赵丽颖说的那样：“男人如果有英雄梦，为什么女人就不行呢？”

每个人都能够选择自己想要的生活，这是一种权利。所以，无论如何，我们都不能让自己在生活的浪涛中变得麻木，因为有时选择一条路后，我们可能要花一辈子的时间去走，但我们也可能会庸庸碌碌，一辈子无法走出人生的局限。

因此，你要努力去创造属于自己的生活。女人更是如此，越拼命，就越有选择的权利。

成功从来都不是男人的专属品，而女人同样有赢得成功的能力。再多的否定都抵不过你的实际行动，你要在行动的过程中去给那些否定自己的人以有力的回击。不要以性别来判定自己，毕竟努力的姑娘看起来真的很美。

3. 博一回，让自己无怨无悔

生活会充满艰险，不会一马平川，但是在自己可以争取的时候你一定不要放弃机会——人生如果不能圆满，那就努力不留遗憾。机会不是彩排，错过了就永远不会再来。

一

江南在《龙族》中写道：“虽然很想很想放弃，可是压不住心底的那点不甘心，那一点点的不甘心，就像是全世界暴雨都无法熄灭的火苗。”

因为不甘心眼前的一切，所以够勇敢，够坚决，并竭尽全力去改变，就算看到不任何光亮，仍旧没有放弃的念头；就算苦苦等候，也会对每一天都充满期待。

上大学之前，有一段时间我想辍学。那段日子自己过得浑浑噩噩，就好像行走在迷雾中一般，找不到前进的方向，也不知道自己的打算是对是错。

一个人在消极的心态中过得太久，难免会做出很多迁就当时内心的决定——明知道那可能不理智，却还是想给自己的消极找一个并不合适的出口。

当时，我想在辍学后找一所技校去学厨师。我并不知道这样的选择会对自己未来的人生产生什么影响，只是彼时内心实在太过迷茫。但是，在我真正想要告诉家人自己的想法时，我反问自己：难道这样选择后的生活是自己想要的吗?

想着别人都拿着大学本科文凭做着自己想做的事，我不该如此草率地决定自己的未来。从那时候开始，我几乎把所有的精力都放在了学习上，不再三心二意地去想学习之外的事情了。

所以，在后来的日子里我只有一个信念，那就是改变现状。态度转变后，我的日子过得特别有劲儿。每次回头想想当初的自己，我都很感谢那时候的自己没有草率地决定人生道路。

我倒不是说厨师这种职业不好，或者说没有大学文凭就会低人一等，而是寒窗苦读了那么多年，再坚持一下就能看到曙光了——就算不能衣锦还乡，也能给自己多年的努力和坚持一个圆满的交代。

后来，我跟父母谈过此事，父亲笑了笑说：“那时候你的情况我们都知道，只是在等你自己考虑。如果你真要那样选择，我们也无法阻拦，好在你的决定正合我们的心意。”

尽管我们是独立的个体，但父母的心永远都牵挂着我们。如果我真的那么选择了，我想，父母一定会因此而陷入巨大的失望之中。

有时候，一个人的不甘心其实是很多人的不甘心。尽管当时我也不知道自己选择坚持上学最终能不能考上大学，但那些问题像是一道道方程式摆在面前，只要拼尽全力，我总会找到答案。

所以，一路上我都在告诉自己，无论自己面临什么，一定要尽力一搏。

最后，我如愿以偿地上了大学，读了自己喜欢的专业，现在做着自己喜欢的事情。虽然在这个过程中我遭受过质疑和否定，也听过很多过来人的所谓"忠告"，但在我的心里，永远都有一个声音在告诉自己路该如何去走。

我总会遇到很多"过来人"，也总会听到不计其数的"忠告"，而所有的忠告都不是你从自己身上得来的。你要相信，那些成功者的背后，必定有一段不为人知的艰苦岁月。

二

前段时间，我看了阿米尔·汗主演的传记电影《摔跤吧！爸爸》，影片大致讲了这样一个故事：马哈维亚曾经是一名摔跤运动员，他最大的遗憾就是没能为国家赢得金牌，于是，他将这份希望寄托在了尚未出生的儿子身上。然而，天不遂人愿，妻子接连生下的都是女儿，分别取名为吉塔和巴比塔。

两个女儿的一次打架，展现出了她们自身的摔跤天赋，这让马哈维亚恍然大悟：就算是女孩子，一样能够昂首挺胸地站在比赛场上，为国家和她们自己的荣誉奋力一搏。

就这样，在马哈维亚的指导下，吉塔和巴比塔开始了艰苦的训练。两人进步神速，很快就因为在比赛中连连获胜而成了当地名人。后来，经过很多的挫折和成长，女儿终于为国家赢得了金牌。

在国歌响彻整个赛场的时候，她们只有泪水和拥抱，但这足以让观众为之振奋，喝彩。

这部电影的题材很励志，影片中有一句台词是这样的："当你连饭都吃不上的时候，还有心思想着奖牌？没人再想着摔跤了，找一份工作，你得挣钱。"

马哈维亚就是为了生活才放弃了自己的运动员生涯，从电影中我们能够看到印度对体育事业的忽视。马哈维亚没机会给国家拿金牌，所以，他将女儿送到了赛场上。

因为不甘心，他不惧村里人的嘲笑，不怕别人的质疑，日复一日、年复一年地对女儿进行着训练。而两个女儿也确实争气，不断在比赛中获奖，从邦级到国家级，逐渐走向了世界。

众所周知，印度女性的社会地位是比较低的，女孩没有选择生活的权利，年纪轻轻就会嫁为人妇，从此每天相夫教子，围着锅碗瓢盆打转，不知道什么才是人生的精彩。

而马哈维亚给了女儿一个机会，让她们自己去掌控未来。所以，就算是女孩子，两个女儿也一样要努力，所幸最后也真的获得了预想的结果。而那个过程，当然充满了无数的艰辛、坎坷——你要承受世俗的眼光，面对别人的嘲笑，一路不断突出重围。

三

可能很多事情并不会这样顺利，你努力了很久并没有结果，那么，首先你要问问自己，有没有像马哈维亚那么执着、坚定，认准一个目标就不会被外界的各种诱惑所干扰。

如果说你都做到了，仍旧没有看到结果，那么，至少你不会在未来的日子里悔不当初，因为至少在有机会的时候你博了一回，在可以选择的时候给了自己一个答案。

不管现在你身处何地，也不管现在你的日子多么艰难，请用最宝贵的时间听听自己内心深处的声音，告诉自己未来的路该如何去走。

生活会充满艰险，不会一马平川，但是在自己可以争取的时候你一定不要放弃机会——人生如果不能圆满，那就努力不留遗憾。机会不是彩排，错过了就永远不会再来。

4. 即便没有彩虹，也要历经风雨

我们不知道未来的日子里会发生什么，但那又如何？即便没有彩虹，在历经风雨后生活也值得眷念。

一

“永远没有白走的路，即便是一片荒野，你也算见过了风景。”这是大波告诉我的。那年大学毕业后，他一个人去云南支教了。

临别的前一晚，在饭店吃饭时大家都很伤感，也就没有多说话——我们不知道下一次相见会在什么时候。

在大波做选择之前，我们都劝他要慎重考虑——尤其是他的父母，一度跑到学校来劝说他回家考公务员，或者找一份稳定的工作，然后成家立业。

我不否认，我们的劝说显得有些功利了。

不过，我完全理解老人的心情，他们中年得子，对儿子疼得入骨。一个在城市里长大的孩子，要前往云南偏僻的小山村，谁知道接下来他会面临什么——生活不适应？疾病？

甚至是凶险……

“我去意已决，你们不用再劝我了。”大波说。

无法劝说，那就只能支持。

早在一个月前，大家就开始在网上查资料，给大波准备在云南那边的生活用品，比如他喜欢的咖啡绝不能少，我们就满满地装了一包。关于注意事项、民族风俗等，我们也给他打印了一份资料。

大波说不必了，到那边生活几天后一切都会适应的。可是，那是他父母交代的事情，老人家的心情我们不能辜负。

送大波到车站的时候，他与我们一一拥抱，祝福的话我们没少说，可是他说：“都多大的人了，高兴点，别搞得跟生离死别似的。”

大波到了曲靖的一个边远小村庄里，一开始有很多地方他都觉得难以融入，从小生活在城市里的他对那里的一切一面是好奇，一面是畏惧。

“我想过退缩，可决定好的事总不能轻言放弃。”大波说。

他偶尔跟我们聊微信，但消息半天发不出去；偶尔打个电话，打着打着就断线了。他说自己在深山里，信号不好。那个村里用手机的人也没多少，除了在外打工的人回去时能带回些新鲜消息，平日里几乎没什么新鲜事。

学校里有八名老师，好在其中还有一名同龄的贵州大学生，闲暇的时候，两人还能找些话题来打发时间。

每隔五天，小镇都会有集市，大波会走十几里的山路到镇上采购一些生活用品，顺便在宾馆里住一晚，痛痛快快地洗个澡，然后给亲朋好友打电话，或者在简陋的网吧里与我们聊聊天。

“每次给父母打电话的时候，母亲都泣不成声，那时我的心里特别难受，有时候想想自己是不是真的不应该跑那么远，可是路已经选择了，我不能对不起那里的每一个人。”他说。

“其实，你选择回来也没什么问题，一个不属于那里的人总得做出改变吧，这是一种对所有人负责的态度。”我说。

“既然已经开始了，那就得好好地结束，这是我的信念。”大波又异常坚定地说。

我完全能够想象那边的生活，对于土生土长的人来说，或许他们已经习惯了，但对于第一次到那种地方的人来说，首先能否接受那样的生活环境就是一种考验，更别说在那里坚持生活几年了。

但大波做到了，他在那里待了两年。临别的时候他很不舍，当地人更不舍。

他说：“看着孩子们黝黑的脸上挂满了泪水，我心里很不是滋味。大人小孩拿着各种特产相送，想想这两年里他们对我的照顾，我更是难受。我知道这一走或许一辈子都不会再回来，但心里总觉得那里就是自己的第二故乡。”

人都是这样吧，在一个地方生活得久了，就会爱上那里的一切。

有人说，爱上一座城，是因为城中住着自己喜欢的人。

其实不然。

爱上一座城，也许仅仅只是因为这座城。就像爱上一个人，有时候不需要任何理由，没有前因后果，无关风月，只是爱上了。

爱上一个地方，同样如此。或许因为那里的人，或是在那里所经历的一切，又或是真的发自内心地爱上了，于是离开时便显得依依不舍。可是，再不舍也要离开，未来的路还在前方，没有完成的梦还在心中。

二

我们再次见面，是在两年之后。在中环城的一家饭店里，我跟大波相对而坐，桌上摆满了上学时我们都喜欢吃的饭菜，杯子里倒满了酒。我们默默地吃着，喝着，那时候，或许我们的心里已经在想着很多事情了。

两年过去了，一同毕业的同学读研的读研，找到工作的也基本稳定了，他们的生活如火如荼地进行着。可是，对大波来说，眼下所面临的是就业的压力。他从云南回来是一个起点，一切才刚刚开始，未来该如何行进?

他喝完一杯酒，叹了口气说：“看着大家都如愿以偿地走在想走的路上，我很羡慕，眼下也很迷茫，不知道自己能做什么。”

我完全能够理解他，举起杯喝了一口酒，看着他说：“有阅历，找工作什么的没问题，总有一份适合你的。”

坦白来说，说这话的时候，我的心里同样没底。

大波回了一趟老家，在家里陪了父母半个月的时间，回来的时候带着父母到合肥游玩了两天。送父母回去后，他便开始着手找工作的事情。

白天我要工作，只有晚上我才能跟他一起吃饭聊天。

一切并没有想象的那么顺利，做什么工作他都觉得不合适，应聘了很多公司也都被刷了下来。有一天，他一连面试了六家公司，结果一家都没通过。听他跟我这样说以后，我以为他要放弃，会换座城市去打拼，或者考公务员。

“这点小事算不上什么，跟在云南那边比起来，这些都不值一提。我对前路充满信心。”他转换口吻说。

后来，大波找了一份做市场调研的工作。他经常开着公司的车到处去走访、调查。忙的时候，他买一份盒饭就在车里吃了完事，然后继续到指定地点去工作。

我想，那样的工作或许不适合他，毕竟对他来说，那不是他自己该走的路。

“我们要脚踏实地地干，毕竟每个人都有这样一个过程，再辛苦的日子都能熬。其实，这份工作我挺喜欢的。”大波如实说。

三

我很佩服大波的态度，无论生活是何种模样，他始终都保持着微笑，总会勇敢地在夹缝中找到微光，在困境中支撑起一片天地，让自己、家人、朋友看到他的努力。

大波仍在自己的路上奔跑着，我不知道未来他会走出什么样的路。不过，他的态度让我看到，没有一步登天的捷径，也没有触手可及的诗和远方，一步一个脚印走出来的风景才值得自己去深情品味。

后来，我跟大波去了一趟他在云南支教过的小村庄。混凝土的小马路已经铺好了，学校也新盖了教学楼，很多当地的大学生回乡教书，那里的一切都欣欣向荣。与在那里认识的朋友喝茶聊天时，他感到很高兴。

回来后，他的生活依旧在继续，没什么大风大浪，但每一步他都走得无比坚定。

生活总会阴晴不定，意想不到的暴风雨可能会突然到来。我们不知道未来的日子里会发生什么，但那又如何？即便没有彩虹，在历经风雨后生活也值得眷念。

5. 高配的人生，从来都不是靠物质来衡量的

不管你属于哪一类人，不管是贫穷还是富有，你都可以让自己的生活过得跟他人不一样。

一

前段时间，朋友赵晓春从新疆旅行回来了，凌晨三点的时候，她给我发短信："已回，勿念。"

收到她的短信时，正巧我还在赶稿子，于是立马给她回复："我看你是想多了，我对你未曾挂念。"

接下来的三十秒内，我收到了一排笑哭了的表情。

晓春是个喜欢旅行的人，几乎常年在外。我们上大学那会儿，每个周末她都会跑出去，从来不像我这种一到周末就吃吃睡睡的人。所以，她到过的地方特别多。

晓春的父母开了几家酒店，家境殷实。按理来说，像她这样的姑娘要什么有什么，但我从来不曾看见她大手大脚地花过钱。每次去旅行，她一般都会坐火车，很少坐飞机。而她住宿的地方也不会是高级酒店——我常常看到她在青年旅

社里跟来自四面八方的驴友拍的照片。那时候，她过得比我们这些朋友都多姿多彩。

重点是，晓春旅行用的钱都是靠自己的双手挣的。大一那年，她跟父母借钱在学校门口开了一家奶茶店，由于生意非常火，半年下来成本就全部收回了。加上平时微店销售化妆品的营业额，她每个月的收入特别高。

托晓春的福，我们这些朋友有时间就轮着到店里做兼职，挣够每个星期的生活费基本没问题。而周末，朋友给她看店的时候，她就一个人前往各地旅行。

她偶尔也会给我们点“福利”，那便是邀请大家一起出游。那时候，她就特别有一种大老板的感觉。

她吃穿普通，没有挎名牌包包，用的手机也不是苹果，出行方式很普通。她家里有钱，自己也有钱，但为什么总是舍不得花钱呢？我们都疑惑，有人说她那是抠门。

后来，我们学院组织向贫困地区捐款的时候，她硬是拿出了奶茶店一个月的利润。于是，所有人都不说她抠门了。

晓春就是这样一个人，她从来不会因为能力强、经历丰富而给自己增添光环，也从来不会让人觉得她多么富有。她为人低调，这也是我们能成为朋友的重要原因。

晓春的生活过得非常精彩，但她从来不是靠经济基础给自己带来的丰盈，而是她那种自由自在的生活方式，加之本身的生活态度，这些已经让她自带光芒了。

二

HTC 董事长王雪红出身名门，其父为台湾“经营之父”王永庆。可以说，王雪红的成功仰仗于其父给她留下的积淀，以及给她提供的平台和机会。

王雪红说：“我是一个富二代，这是事实，但是父亲经常教导我，如果认为对的事情就要坚持，不管风风雨雨，都要低下身段来做一个谦卑的人，因为只有一个谦卑的人才能把每天的事情看清楚，同时学习开发新的东西。因此，我觉得做一个富二代是非常幸福的一件事情。”

一提起“富二代”，很多人或许多多少少有一定的偏见，事实是，很多富二代就在我们身边，但他们其实比我们还努力，甚至更低调。

玖龙纸业董事长张茵说：“我真的认为富二代也有很多好孩子，也很努力，不希望社会总是嘲笑他们。”

不可回避的是，有些人确实会仰仗父母的财富、社会地位来包装自己，嚣张跋扈，肆无忌惮。但无论是哪一类人，其中总有一部分人是不一样的。

电视剧《欢乐颂》里，曲筱筱是一个名副其实的富二代，尽管她是靠父母才坐到了总经理的位置，但我们也不能否认她的努力——她不开豪车，不要大牌，就算过节依然在带着团队谈生意。

我很荣幸认识了一些富二代，感觉他们跟我们没什么两样。他们从来不觉得自己高人一等，也从来不会炫富，不会自视清高看不起他人。他们为人随和，做起事来也干净利落，该负的责任决不会推脱。他们不会因为自己家境富裕而有什么优越感，也不会觉得自己就是人中龙凤。

相反，他们真的很努力，靠双手创造了自己想要的生活，同样过着简朴的日子，追求着平凡的阅历。

在他们的生活空间里，“高配”和满足从来都不靠物质来衡量，更多的是萦绕在他们内心的那种洒脱——在该努力的时候好好奋斗，过自己喜欢的生活。

当然，我也认识那么一部分人，他们不是富二代，却把日子过成了浮夸的模样。有句话说的就是他们这种人：“父母尚在苟且，你却在炫耀诗和远方。”

他们尽力把自己伪装成富人，用父母辛劳换来的血汗钱把自己举在高高的位置上。可如果自己不继续去努力，那终有一天他们会从那样的位置上摔下来，还可能粉身碎骨。

三

优越的人生，从来都不是依靠物质来维系的，更多的是要有一种自我成就感，也就是不活在他人的影子里，用自己的双手去寻找生活，过向往中的日子。

在做好自己的事情的同时，你也要活出自己的价值。你不需要来自他人的认同，只需要让那些关心自己的人不提心吊胆，不因为自己奔波劳累，这也算是为他人负责。生活本身就是一个过程，能够长久陪伴你的不是身外之物。

面对生活，你要有自己的精神。高配的人生不是高贵，那是满足你内心的一种方式。

不管你属于哪一类人，不管贫穷还是富有，你都可以让自己的生活过得跟他人不一样。而物质终究是身外之物，能够给我们带来快乐的生活终究取决于自己怎样去选择。

并不是富有的人就会过得快乐，也不是贫穷的人就会过得压抑。很多事情都不是固有的模式，我们只要找到自己喜欢的生活方式，无论从物质上还是精神上来说，我们的内心总会快乐，丰盈。

6. 不受外界惊扰，你才是自己的依靠

别让他人扰乱你的生活，这是一种修为，更是一种内心的沉淀，而越是容易受他人影响的人，越难将自己的生活过好。

一

有一天，在上海上大学的表弟给我发来一条短信："表哥，室友的作息规律混乱，该午睡的时候打游戏，大晚上还跟朋友视频聊天，时间长了，严重影响到我休息，学习状态一点都没有了。"

显然是室友的生活规律混乱，对表弟的学习和生活造成了影响。这种事情在大学里是司空见惯的，毕竟大家不像高中那会儿一样作息时间统一，而且每个人的习惯有差别，于是在室友间会产生分歧。

我说："你可以在一个轻松的聊天氛围里说明自己的意见，让他们在你休息的时候安静些。"

表弟可能对我的回复不太满意，也就迟迟未回。

我补充道："影响到自己生活的事情，你就该说出来，因为这是你的权利。如果你说了仍旧没有效果，那就是你室友的素质问题了。当然了，你不可与他们发生冲突，这不是懦弱，因为发生冲突后还会影响你的心情。你也正好可以趁机磨炼一下自己的心境。至于室友的问题，等他们步入社会，总会有人收拾他。"

后来，我陆续跟他聊了一会儿。我对他说："不管怎样，你都不能忘记自己在大学是要学习的，所以，你必须全心全意地去做自己的事情，别在意室友扰乱自己的生活，否则就得不偿失了。"

上大学时，我们对面的宿舍是国际贸易专业的同学，或许天生性格比较活泼，他们出入时总是会大声唱歌。午休时间，他们还会在走道里玩滑板、跳绳等。

有段时间，我们实在忍无可忍，就想：若是他们再那般肆无忌惮地影响我们休息，那我们一定得去交涉交涉。

可是，还没等我们出手，他们自己就起内讧了。原因是，一天中午，其中一个同学在宿舍里唱歌，另外两个已经睡着的同学被吵醒了。然后，我们听到他们宿舍里面传来各种动作的声音。

我们没去劝架，首先是因为不熟；其次，他们已经不是一次两次那样在公众场合喧哗了。没素质的人，自己不知道守规矩，那就由别人来教训——结果，那几人都被记过处分。

说得苟且一点，我还是庆幸当时我们没出手，否则后果不堪设想。后来，我学会了一件事，不要因为他人而扰乱自己的生活，这是一种理智且对自己负责的态度——就像那句话说的：不要拿别人的错误来惩罚自己。

二

叶小菁是公司的前台，她是一个落落大方的女孩，每天都对来来往往的人微笑。大家深受她的感染，见面时也都会礼貌地打招呼。

有一天，我们都在自己的办公桌前工作，突然听到外面传来吼声。不一会儿，消息便传开了——原来，经理的亲戚来找他，出于制度的要求，叶小菁说要先给经理打电话，于是把经理的亲戚拦在了前台。

经理恰好经过那里，一切尽收眼底，也就发生了他大声呵斥叶小菁的一幕。叶小菁全程没说一句话，依旧是用那副微笑的表情看着经理，直到他带着亲戚去了办公室。

中午吃饭的时候，我们跟叶小菁同桌，同事小孔低声对她说："今天早上的事本来你就没错，你完全是按照规矩办事，既然经理不顾及你的面子当众吼你，你怎么不据理力争呢？难道是害怕失业？"

叶小菁笑了笑说："失业我倒不怕，我是觉得那是我的工作。作为领导，他非要生气，我也没办法。不据理力争，那是出于对经理的尊重。其次，我总不能让经理在亲戚面前难堪吧？而且，我更不能因为他的几句话就把自己的饭碗给丢了，这完全没意义。”

此后的日子里，叶小菁一如既往地工作着，就连经理也主动热情地跟她打招呼了，并没有因为之前的事情影响到彼此的关系。

三

我想起以前在一家公司实习时认识的销售员老黄，在那个销售团队中，他是最年长的一位，但度量可以说是最小的。

当时，公司制定出新的激励制度，大家的绩效、工资因此增长了不少，做得好的员工在原有的工资上增加两三千元完全没问题。

在当时的情况下，这个激励条件颇受欢迎，但想要一下子挣得多也不容易，毕竟一个月要签单那么多的产品并不是弹指之间的事。

开始实施新绩效制度后，大家都全心地投入到了自己的工作中，在已有的客户资源上，恨不得让客户成倍增长。

于是，很多女性销售员便开始走街串巷地寻找客户，在每一个有可能谈成合作的店铺宣传产品。男士们也不甘落后，直接骑着车带着公司产品到附近的乡镇去宣传。

可那时候老黄并没有像其他人那样去拓宽市场，每天就是跟以往的客户联系、发货——跟大家比起来，他很轻松。

季度绩效排名公布后，老黄是倒数第一。这无可厚非，毕竟大部分人的销售量都超额了，而老黄则在原地踏步。后来，老黄说自己已经没有工作动力了，想要辞职。

我问他："为什么？"他说："大家的绩效都这么高，自己却跟以往相差无几，已经没有待下去的必要了。"

"别人的绩效高是他们自己努力的结果，你要那样去开拓市场，绩效一样可以高起来。"我劝道。

不过，老黄终究还是辞职了。人到中年还如此冲动，的确显得不太理智。但别人的收获都是靠自己的努力换来的，只要你愿意付出，又何愁没有跟别人一样的绩效呢？

我想，这不仅是个人的绩效问题，还跟老黄的想法有关：他总是把别人拿来跟自己比，但因他人而自乱阵脚实在不是什么明智之举，丢了饭碗不说，意义何在呢？

这是一个竞争的时代，三百六十行，行行都有竞争。很多人都在努力，但那又如何？你要做的就是竭尽全力把属于自己的工作做好，不因他人扰乱自己的内心，只需在自己的阵地上顽强战斗。

别让他人扰乱你的生活，这是一种修为，更是一种内心的沉淀，而越是容易受他人影响的人，越难将自己的生活过得平静。你需要笃定内心，不乱于情，把属于自己的方式走出不一样的精彩来。

7. 成功不是买彩票，别靠运气

不要把运气附加在自己身上，做什么事情都要脚踏实地，所谓的好运，不过是付出努力和汗水换来的结果。

一

不知道你的身边有没有这样一类人，当他取得成绩的时候，你诚心去祝贺他，可他说是自己运气好而已。于是，我们便开始形成一种“共识”：不管自己如何努力取得了进步或者成功，都会将之归功于运气；而失败后我们也不再深究原因，而是会归咎于运气不好。

大四那年，我在房地产公司实习，认识了一个售楼女孩郑萍。最初跟她相处的时候感觉不错，整个销售流程她都会耐心给我讲解，我不明白的地方她也会悉心指导，有时候她带客户看房也会带上我。

因此，我的实习工作进展得比想象中要顺利很多。

但后来她的业绩开始下滑，工作态度也没有刚认识的时候积极了，开始对日常工作懈怠了起来。后来，另一位女同事王玲因工作出色而被提升为负责人，成了我们的领导。

某天下班后，郑萍跟我抱怨王玲说："她能得到这个职位，不过是运气好而已。"

听完郑萍满口不屑的话后，我对她的看法打心底里开始转变了。对于售楼来说，业绩是掺不得假的，谁卖的房多，谁联系到的潜在客户多，大家都有目共睹，何谈运气?

之所以有那么多的客户找王玲看房，是因为她所做的比我们都多、都好。她不仅心细，而且方式佳——对于那些潜在的客户，她都会做一个意愿强度分析，再针对客户的要求去房子里拍照，供客户在网上查看。客户觉得合适，就会联系她看房。

最初的时候，我并不知道多少售楼技巧，就连打电话给那些客户都畏首畏尾的。有时候，电话打过去别人话都不说一句便会挂掉，那种不被尊重的感觉特别难受。但工作就是如此，脸皮总得厚些才能干下去。

很多时候，我的电话总是打得时间不对，对方要么说忙，要么就直接挂掉。当时我的心里还是很有落差的，自己每打一个电话都会无比忐忑，生怕因打扰他人而被责骂。

王玲也遇到过这样的情况，而这只不过是各种特殊情况中的一种。她说为了减少这样的事情发生，打电话一定要掌握好点儿——别人上班的时间你不能打，午睡的时间也不能打，那么，最好的时间就是下班之后。

可别人下班的时候我们也下班了，这就很矛盾。不过，王玲就算在家休息，有客户来电话她也会在第一时间赶来。

我记得最清楚的是，一个周末，我在售楼部跟其他同事加班做数据统计，王玲骑着电动车急匆匆地赶了过来，她脸上的面膜都没摘下，我们看后都笑了。她说，她在美容店里做护理时客户来电话，说要过来看房。

那天，她等了整整一个下午，但客户最后没来。

我问她："要不要打电话问问？"她摇了摇头，说："不用，客户没来肯定有其他原因。"

我们下班的时候，客户给她打来电话，说临时有事回了老家。她依旧是一副笑脸，对着电话说没事，下次再约。

在我看来，这个客户并不靠谱，就算给我打电话，我也绝不会再搭理他。王玲却说："既然做了销售，就不能由着自己的性子来，意气用事损害的是自己的利益——对于客户而言，他只不过是再换一个售楼人员而已。"

一个星期后，那位客户果然来了，在王玲的陪同下，他看完之前挑选的几套房子，并很快做了决定。房子装修的时候，王玲也陪同他给出了建议，就算工作完成后也总会打电话问他的情况。

因为王玲的态度十分诚恳，服务也格外周到，很多客户买房之后都会推荐朋友过来。这一来二去的，王玲手里掌握的资源就越来越多，卖出的房子也总比其他同事要多。

所以，王玲被提升凭的是自己的努力，并不是靠什么运气。运气不会给她带来客户，也不会给她带来业绩——业绩每上升一个百分点，都是她花时间、精力和汗水换来的。

二

对于售楼工作而言，每天都要给不同的人打电话，不知道电话那头的人是谁，也不管人家说什么都得笑着接话。

有些人接到售楼电话会说“买过了”“我马上要登机，先挂了”“我在开会，过后再说”“我心情不好，别跟我说话”“我失恋了，你能别谈这些事情吗”……

这些各式各样的回答总是让人哭笑不得，要在这样一个庞大的群体中找到一名潜在的客户真是不容易，所以，打出的电话必须得多——就算上一个人在电话里头骂你神经病，下一个人的电话你也要微笑着打。

“做销售就是这样，你不仅要脸皮厚，还得有心理承受能力，不然别人的一两句话可能就会把你给气死！”王玲说。

王玲的话是有道理的，作为销售人员，你真的不知道别人会对你说什么，可能在生活中很多人都会对你客客气气的，可是当你作为销售人员出现的时候，他人可能对你就不会那么客气了，你总得习惯这样的境况。

忍受这些冷漠之后，用一颗平常心去对待各种各样的客户，内心也就不会波澜起伏了。就算上一个人骂了你，你也不要放弃下一个客户——说不定再打一个电话，客户就上门来了。

后来，王玲的职位不断得到提升。她总有自己独特的工作方式，在她的资料库里，各种客户的统计都清晰明了。她也不时地会给新加入公司的员工做培训，而这些都不是运气能够赋予一个人的。

三

每个人获得一样东西总有原因，有些人可能的确不是靠自己的努力，但你一定要相信，绝大多数人的成功都是靠自己一步一个脚印走出来的。没有那么多人会靠别人而生活，也不是每个人总是会交好运。

不要把运气附加在自己身上，做什么事情都要脚踏实地，所谓的好运，不过是付出努力和汗水换来的结果。看到他人成功的时候，也不要说是运气在起作用，我们该关注的是别人成功的根本原因，然后用以反省自己的欠缺之处。

人生能够走得长远，全靠实力。

8. 孤独是坚强的磨炼器

孤独不是你前进的障碍，你向它妥协的时候，就成了弱者。你总该在孤独的时候学会理解生活，然后做一个坚强且处变不惊的人。

一

冰冰的老家在云南的一座小城市里，大学毕业后她一个人去青岛工作，不过，一个女孩子跑这么远，的确让人匪夷所思。就算不在云南找工作，留在上了四年大学的城市也是好的，至少还有些认识的朋友，有需要的时候也好有个照应，可她就是不走寻常路。

这不是什么新奇的事，很多人不放心的是工作地点离家太远，况且冰冰还是一个女孩子。然而，在我看来，这没什么不好，只要是自己选择的路，就算举步维艰也不会心有不甘。

选择到离家很远的城市工作，已是当今就业的一个趋势。一方面，交通越来越便捷，回家不过是朝发夕至的事；

另一方面，太多的毕业生由于个性的原因，都想到陌生的大城市去打拼，给自己一次闯荡江湖的机会。

选择的时候可能兴致勃勃，但选择之后是什么样子，没人能够保证。大家都已是二十岁出头的人了，选择时不经过深思熟虑，那接下来所面临的生活如果不能如愿，便会在内心造成悔恨。

冰冰到青岛后的生活完全是另一个模样，而她曾经设想的周末生活是：每个周六到海边吹吹海风，在沙滩上一躺就可以度过整个下午；晚上一个人看看电影，逛逛商场；周日早晨睡懒觉，下午再喝杯咖啡，看看书。

所谓“理想很丰满，现实很骨感”，想象的日子跟实际生活有着巨大的差别，所有的想象在每天繁忙的工作中化为泡影，就连聊得来的朋友都没有一个，冰冰还是一个人孤独地工作着，生活着。

她每天早早起床，睡眼惺忪地刷牙、洗漱，有时候晚起几分钟就连买早餐的时间都没有了。到公司后，她面对的是堆积如山的材料，晚上加班到八九点是常有的事。至于晚上逛街、看电影的事，她已没有勇气去想了。

周末的时候，她还得在家里做扫尾工作。她说：“工资待遇虽然好，但工作并不容易，拿这份工资的结果就是把女人当男人使，把男人当牲口使。”

大学时想睡多久睡多久，睡过头了也可以不用去上课。

可职场与校园完全是两码事，你不能任性，因为迟到的结果就是扣工资。所以，每天闹钟一响，冰冰硬是会毫不犹豫地逼着自己起床。

在学校的时候，身边总是有三五成群的朋友，去上课，去图书馆，去食堂，去逛街，都不会是一个人。真的，大学时的生活太热闹，热闹得让冰冰已经不知道一个人的日子该怎么过了。

到青岛后，冰冰一个人上下班，回家晚了倒头就睡。正常下班时，她会在楼下的超市买点菜回去做饭，每次屋里有烟火气的时候她就会很高兴，可一个人面对一桌子的菜时，她才发现做得再多再好也都是自己一个人吃。

有时候吃着吃着，她就忍不住流眼泪，因为想家，想朋友，想着想着，晚上就睡不着了。时间久了以后，她索性就不在家做饭了，每次都在外面的餐馆吃，虽然在那里也是一个人一张桌，但身边有人，她就不会觉得特别孤独。

“我孤独得想要放弃，以为自己可能坚持不下去了。”她说。

有一次，冰冰感冒发烧了，突然发现连一个可以给自己买药的朋友都没有时，她瞬间觉得自己在这座城市是多余的。她拿起电话打给母亲，听到母亲声音的那一刻，她声泪俱下，哭得稀里哗啦。

电话那头的母亲，不知道冰冰遇到了什么事，很焦急地问她怎么了。

冰冰跟母亲说自己生病了，想吃母亲做的家乡菜。母亲对她千叮咛万嘱咐，让她赶快去医院检查一下，还对她说待不下去的话就回家吧。

向领导请假之后，冰冰一个人到医院去挂号，做检查，排队候诊，打点滴。以前，生病时身边总会有人陪着，这时候就只有她一个人。晚上回家的途中，她突然意识到自己会感到如此孤独，是因为不坚强，不曾经历过。

二

冰冰想起当初自己签约时那般信心满满的样子，与此时的生活状态实在有着天壤之别，现在想来，自己也不能轻易放弃——在生活面前，如果你认输了，那之前的选择将全部归零。

孤独谁都会有，没有人时时刻刻都会有人相伴，也不是所有欢笑的人都不孤独。生活中的孤独不可避免，我们总要习惯——习惯一个人做事、逛街、吃饭、看电影……

回家后，冰冰重新走进厨房，给自己做了一桌家乡菜。一个人坐在桌前，吃着热气腾腾的饭菜，她的脸上泛起了以往少有的笑容。

第二天她早早起床，按时赶到公司，以最积极的态度开始对待工作和生活了。

心态改变后，人真的会不一样，她对身边的同事微笑，在食堂吃饭的时候也带着微笑。于是，她跟大家走得越来越近，而所谓的孤独也都被忙碌慢慢消灭了。她每天充实地过着，跟老员工学习经验，自己的能力也不断得到了提升。

一年后，冰冰终于步入正轨，不再像初到这里时那般做什么事都抓不住重点。她每天按时下班，周末也能如愿以偿地睡懒觉，晚上可以约同事看电影，逛街。阳光明媚的日子可以去海滩玩，或者一个人在街边的小酒吧里喝酒。

她说：“好在最孤独的时候自己没放弃，不然，我想要的生活都不会实现。”

三

我们都曾孤独过，只是陷入孤独而不能走出来的人，无法体会到自己的心到底有多么强大。

孤独就像顺其自然的事情，会突然出现在你的日子里，不是刻意为你设伏，那是你必经的一道坎儿。如果说孤独可以让你退缩，那么，你永远不可能迈开更大的步伐。

孤独不是你前进的障碍，你向它妥协的时候，就成了弱者。你总该在孤独的时候学会理解生活，然后做一个坚强且处变不惊的人。

9. 你闲来无事，因为你没有走投无路

不要有吃有喝就停滞不前，也不要在该奋斗的年纪无所事事。

一

两天前，在公司吃完饭午休的时候，跟同事看了一档综艺节目《跟着贝尔去冒险》。

那一期是他们行程的最后一天，但他们因为没有把羊杀掉当作食物而被迫吃了虫子。还有一个让人觉得恶心的项目，那就是喝自己的尿——为了鼓励大家，贝尔当着众人的面喝下了自己未经加水煮沸的尿。

当时，白敬亭有点疑惑，他对贝尔说："我想问你一下，在这个环境下我们有水，也会煮水的方法，为什么现在要喝自己的尿？我可以喝，我希望能从你那儿得到一个比较好的答案，要不然说实话，现在我觉得做这些事没意义。"

贝尔是这样回答的："你说得对，现在我们没到走投无路的时候，你的生命没受到威胁，但你已经走了那么远，这

是最后的关卡。第一天我就说过，要记住，痛苦不会长留，但荣耀注定会永存。”

白敬亭的问题有他的道理，因为我们本身就处在这样一个环境里，没必要做喝尿的事情。但贝尔的回答值得我们深思——我们觉得喝尿恶心，那是因为自己还没到走投无路的地步。

贝尔也举了一个例子：有一家人在海上遇险了，他们就是凭借喝尿才维持了三天时间，在第四天的时候得救的。

一个人在面临生死的时候是没有退路的，只要有一丝生的希望，都不能轻易放过；而现在你的无所事事，是因为还没有到走投无路的地步。

二

我的叔叔曾经是一个很清闲的人，那是什么样子呢？就是他不工作，待在家里靠着二十几万元的房屋拆迁补偿款过日子——每天跑到棋牌室里打麻将，经常通宵达旦，夜不归宿，一次的输赢经常会有上千元。

家人苦心劝叔叔不要那样坐吃山空，而应该继续去工作，毕竟一家人的日子还很长。然而，他均视之为耳旁风，为此还跟婶婶大打出手。

那种日子持续了将近半年。后来，叔叔不再去棋牌室了，但每天到他家里来讨债的人可谓络绎不绝。我们这才知道，原来叔叔把那二十几万元输了个精光，总想着翻本的他为此老开口向别人借钱，这一借累加起来就是十几万元。

有一年大年三十，因为有人上门讨债，叔叔连年夜饭都没能吃上。无奈之下，大年初二他就带着一家人离开了家。堂弟堂妹的学业也因此耽误了，很多人都为他们一家感到惋惜。

如果叔叔能够好好工作，并将那二十几万元好好用来理财，那他如今也不会过这种颠沛流离的日子。可是，世上哪有那么多的“悔不当初”，在该奋斗的时候养尊处优，困难来临的时候也只能扼腕叹息。

叔叔携家带口辗转到了广东，在中山的一家工厂里上班。堂弟堂妹在那边上了一年初中便辍学了。后来，虽然他们还清了债务，可是堂弟堂妹失去了很多机会，这些都是难以弥补的。

这个世界是公平的，你欠生活的，生活迟早都会让你双手奉还。

三

我记得上大学那会儿，身边很多同学在大二的时候就开始努力考英语四六级、计算机二级——为了拿到证书，大家都在精心准备，从来不会放松学习。但朱同学觉得那些证书并没多大的用处，所以，在大家都拿完了几乎该拿的证书时，他除了几个荣誉证书之外，别无其他。

所谓“技多不压身”，证书拿多了不会错。大三下学期，大家都开始四处找实习工作，那之前重要的一步就是制作简历。眼看所有人的技能证书那块儿一填就是好几个的时候，朱同学开始慌了，因为他的简历上没什么可写的，难免显得空洞。

大三那个暑假，朱同学去了合肥科大讯飞实习，是因为公司对他的英语并没做什么要求。

大四上学期学校秋招开始的时候，在大多数企业的招聘会上，筛选简历的第一步就是英语必须要过四级。那时候，朱同学更加慌了，因为很多职位他都很有兴趣，可是简历这关都过不了，他只能望洋兴叹。

只有经历这样的“走投无路”，你才会懂得无所事事时自己浪费了多少宝贵的时间；而那些无所事事的日子，注定要在此后付出代价。朱同学因此跟很多不错的工作失之交臂，每每提到当初不努力考证的时候，他只有满腹的悔恨。

所以，那年 10 月，眼看很多同学的工作都已经定了，朱同学只能报考英语四级，每天起早贪黑，基本上待在自习室里。后来，提起这件事的时候他总是说：“你选择了安逸，最终都会承担相应的后果。”

好在最终他也考过了英语四级，在第二年春招的时候进了中铁公司；但公司对他的英语没做要求，所以我们都笑话他说："白辛苦了几个月。"

他说："但我心安。至少我明白了一件事，那就是不管怎样，有些准备你一定要做好，不然你真不知道自己会失去什么。"

四

我身边有很多无所事事的人，他们都觉得生活已经足够美好，有吃有穿，大可不必再大费周章地去打拼。但有个成语叫"居安思危"，我很赞同，毕竟在任何时候，我们永远不知道意外和明天哪一个会先降临。

有句话说得特别好：哪有什么和平年代，你只是生活在一个和平的国家。

不要有吃有喝就停滞不前，也不要在该奋斗的时候让自己无所事事。

在空闲的时候看看书，学一点兴趣爱好，长长见识，不要把大好时光浪费了，因为现在你所学到的知识，在未来的某一天可能会支撑你走得更远。

10. 该努力的时候，就不要怕辛苦

有人的确有着与生俱来的天赋，但绝大多数人都没有先天资本，所以后天的我们更应该努力让自己在平凡的生活中做出一点不平凡的事情。

一

最近，公司来了一批实习生，领导提的要求是：只要你们表现足够优秀，最后都可以留在公司。对实习生来说，这无疑是一个极具诱惑力的条件。

不过，在所有的实习生中，唯独小竹最让我佩服。没认识她之前，我觉得公司里的所有人都足够勤奋，看到她之后，我们都自叹不如了。

每天早上，小竹总是第一个到公司，我们的电脑还没开机呢，她就已经开始工作了。中午吃饭的时候，她也总是会快速解决，回来后就拿着英语资料认真看。她说，大学期间英语是自己的弱项，现在有时间了要好好学习。

每天下班时，所有员工包括其他实习生都会按时走，而

她会一个人留在办公室写第二天的文案，晚上九点多钟她还常常会问我一些工作上的问题。所以，我对她比较熟悉。

有人说，她一个实习生根本没必要这么努力，大家下班了她还在公司里，那只能说明她的工作能力差，工作效率低——所以，大家休息时她还得工作。

有一天中午，我们一起出去吃饭，我问她："为什么要那么拼？"

小竹说："之所以努力工作，是想提高自己的实际工作能力，以后真正步入职场就可以少麻烦别人。"

听到小竹这句话的时候，我由衷地感到佩服——毕竟任何时候都是这样，你有足够的能力去做成一件事时，也就不会去麻烦别人，自己就不会欠人情。

我们身边的确有不少这样的人。

在有时间奋斗的时候，他们不去提高自己，整天无所事事，虽然那会显得格外轻松；但正所谓"书到用时方恨少""船到江心补漏迟"，当真正有事发生的时候，他们可能就束手无策了。

事实上，小竹的努力没有白费。

有一次，经理从国外订购了一台咖啡机，可咖啡机摆在那里没一个人会用。大家围着咖啡机，拿着说明书断断续续地拼英文字母，抱着文件经过的小竹被叫了过去，只听她拿着说明书一口气念完了。

大家一下子就对这个不起眼的姑娘刮目相看了。

就在实习期快结束的时候，公司的考评也逐渐落到了实处。那时候，其他实习生开始紧张起来，每天我总是看着他们匆匆忙忙地工作，如同新来的员工一般，做什么事情都手忙脚乱。

很多实习生便拿着资料来请教我们这些老员工，可是大家的工作都没忙完呢，怎么会有时间来给他们讲解？越到最后，他们的工作状态就越紧张，而越紧张，工作越是做得让人不满意。

看着那些忙得不可开交，可又不知道从何做起的实习生，我常常会想：一个人的路有多宽，全靠自己去开拓。在给你时间的时候自己不知道把握，临阵磨枪可不是在任何地方、任何情况下都有用的。

相反，小竹就不一样了。她每天一如既往地到公司，按自己的节奏工作，不慌不忙，一切都做得井然有序。最终，在考核中她以绩效第一获得奖励，公司也给了她留下来的机会。

其实，一开始有小竹这种想法的人可能有很多，只是能够坚持到最后的又有几个呢？平日里大家都不忙碌，完全忘了生活可能会出现的状况，于是，在面临突如其来的事情时就只能手足无措了。

二

以前在高中同学聚会上，我遇到了在县城工作的同学阿斌。当时我跟同桌坐在桌前猜拳喝酒，不一会儿便听到阿斌跟当年他暗恋了很久的班花抱怨工作上的不得志：领导不重用他，跟同事的关系处得很僵，等等。

很巧的是，我的另一位朋友也在那家公司上班，从那位朋友口中得知，阿斌能进那家公司靠的是家里的关系。

按理说，凭本事进不了的，靠走后门进去后，你总得拿出一点成绩证明自己吧。事实上，阿斌并没有这样想——领导给他任务，他无法按时完成；能准时做完的工作，又常常都不合格。

领导无奈，只能将任务重新交给其他员工去做。久而久之，很多替他工作的同事便开始抱怨起来，他在公司里的名声也就不好了。

朋友说，公司一般都有员工培训，可阿斌从来不参加——在需要提高自己的时候赖在家里不出门，别人加班的时候他也会准时下班。后来，领导有任务索性就不交给他，最后直接让他打杂去了。

那些拼命工作的人，该升职的升职，但阿斌始终在原地踏步，看着以前跟自己坐在同一个办公室的人都有了职位的时候，他开始着急了——自己的工作还比不上那些刚进来的新员工。

自己能力不足，碍于情面，阿斌便把所有的责任推到了领导和同事身上，于是，每天他就那样碌碌无为地过着。后来，他迫于压力辞职了——就算他家里再有关系，人家的公司总不能一直养着一个可有可无的闲人吧。

阿斌每天待业在家，找了很久的工作都未能入职，时间长了也就想着放弃了，成了名副其实的“啃老族”。有几次，朋友小聚的时候邀请他，他都以种种理由推脱了。

三

在该学习的时候不去努力提高自己，在该奋斗的时候浪费了大把时间和精力，在该让自己苦一点的时候纵容了自己，在最适合拼搏的时候错过了最好的时机，在该狠一点的时候心软了……那什么时候你能够有进步就是未知数了。

我认识很多转行的人，他们后来都做得足够优秀，但他们并不是一开始就能够胜任工作，而是进入新行业后靠自己所付出的汗水换来了好的结果。

在日日夜夜的辛苦付出中，在学习他人经验的基础上，他们不断进步，不断探索，最后走出了一条属于自己的路来。

有人的确有着与生俱来的天赋，但绝大多数人都没有先天资本，所以，后天的我们更应该努力让自己在平凡的生活中做出一点不平凡的事情来，但首先在最该学习的时候要付出时间和精力，为日后在工作中少走弯路打下好基础。

永远不要让未来的自己，讨厌现在不努力的自己。

有不少人问：学习有什么用呢？他们觉得曾经学过的那些复杂的函数、化学方程式等，工作后从来用不上，英语过了六级也在工作中没什么意义。

你要明白，这是一个在过程中积淀的问题——经过了学习的过程，你整个人跟没学习之前是不一样的。在学习之后，你的眼界不一样了，你看问题以及做事的态度也会不断提升。

学习不是立竿见影那样快的事情，而是最后你沉淀了多少。

如果你还是说学习那些知识在工作中没有用，那至少证明你是有学习能力的。所以，在该学习的时候别让自己停下脚步，不断去武装自己，让自己在未来走得更远。

第二章

总有一段时间你是低迷走过的

有些事情就是在疑惑中前进的，而一次次在疑惑中我们能更清楚地看到那个脆弱的自己，在此后的日子里为自己的坚强添砖加瓦。

1. 刚毕业的你，凭什么不努力

只要你不断在职场中砥砺自己，未来的某一天，你熬过的夜、流过的汗、受过的质疑与批评，都将被你视为人生中必不可少的催化剂。

一

记得刚毕业那年，自己每个月的大部分工资花在了房租上，其次是生活费用，余下的只有挤公交的钱了。有时候冲动消费一次，到月末，每天晚上就只能喝白米粥。

我一直都不敢跟家人说自己的生活状态，因为我一直是他们心中的骄傲，我怕他们知道自己过得不好后会担心。

后来，我换了几份工作，好在最后找到了一份薪水比之前公司要丰厚许多的工作，除了一切开销之外，还能往卡里存上一点。

那时候我觉得特别兴奋，毕竟之前的日子是拼命生存，如今才算得上生活。

但是，想想之前的生活，至今我都觉得那是很有意义的经历：每天早起挤公交车，就是为了省钱；中午不跟公司里的同事一起吃饭，一个人跑到好远的小餐馆吃一碗面条，也是为了省钱；晚上回家对着电脑写文章，电饭锅里熬着白米粥，还是为了省钱。

有人问我毕业后的生活怎么样，我说："有好有坏，看你自己怎么过，怎么去想了。"

在没毕业之前，大家都对社会充满了好奇，但很多毕业生还是保持着乐观的态度。相比大学来说，社会的确要复杂、精彩得多，有首歌唱得还真没错："外面的世界很精彩，外面的世界很无奈。"

毕业后，我找的第一份工作是文案编辑，有时都忙到晚上十二点了客户还会打来电话，跟我说对我提供给他们的方案并不满意。

想想自己熬了几个晚上，查了很多资料做成的方案就这样被一句话否定时，我真的很想说一句："我不干了！"

可是，想归想，还是得把自己都看着恶心的方案打开，认认真真地对着电脑改，熬夜到三四点钟是很正常的事。起床后，洗个澡收拾一下，喝一杯速溶咖啡，我就拿着资料去赶公交车。

没能让客户满意，熬了一晚上回到公司还得挨领导的批评。那时候，我真的很想放弃，甚至多次想过把文件砸向老板，然后收拾东西走人。可我最终压下了这种想法，因为不工作就没饭吃。

于是，我只能忍气吞声地站在那里接受批评，大领导骂完后，部门领导骂，一个早上基本就过去了。大家出去吃午饭的时候，我还得对着电脑继续工作。

后来，我渐渐明白，其实这些都是工作的一个过程，老板不会在意，他要的只是一个结果——就算这个结果是你花费九牛二虎之力去争取来的他都不会管。但是，我们还得努力去做，毕竟最后取得进步的终究是自己。

我们不能选择放弃，因为，当你选择放弃的那一刻，你就是在逃避。生活不会因为你的逃避而变得美好，真正能够改变现状的就是迎难而上，不断地充实自己，那样你才会赢得大家的认可。

二

以前，我认识一个做人力工作的同事，她一年下来收入居低不上，但工作压力居高不下。公司有招聘计划的时候，她得做人力资源规划以及工作分析，领导把要招的职位和要求给她说了后，让她第二天中午之前必须完成。

小姑娘从来都是一脸的微笑，之后便开始写招聘计划。我们下班回家了，她一个人坐在办公室里加班，连吃饭都是随便叫一份外卖。第二天上班时，她把方案交给了领导。没多久，领导怒气冲冲地叫她去办公室，将方案砸在桌子上，数落她一番之后，便让她立刻重做。

她抹一把泪，对着电脑就修改了起来。中午我们出去吃饭时，她还在修改。回来时我们给她带了盒饭，她的眼泪又止不住地流下来。大家都为她捏了一把汗，好在修改后的方案老板终于满意了。

这样突如其来的任务是很多的，什么招聘计划、职位分析、人员培训等，领导都会让她负责。慢慢地，她的工作逐渐进入了状态，对领导分配的任务也能顺利地完成。

看到她在自己的职位上做得游刃有余，大家都为她感到高兴，毕竟看到一个人那样快速地成长起来，你真的会感动。当然，那也是她在流了一滴一滴的汗水之后取得的。

后来，她离职了。离开前一天，她依旧到公司上班，像往常一样做自己的工作，真的是做到了有始有终。下班后，她跟我们说："感谢大家这一路的支持和帮助，谢谢你们。"

大家一一与她拥抱，然后目送她走出了公司。

如今，她在一家外贸企业做更为专业的人力工作，经常飞往各地参加招聘会，笑容也比以往多了，生活上了另外一个层次。

我想，当初她在我们公司上班时所经历过的那些挫折，或许在当时的她看来是一种痛苦，或许曾经她也像我那般想过放弃，不过最后她还是坚持走过来了。流过的泪水最终浇灌出希望，让她的能力得到了提升。

三

刚毕业的我们，可能并没有自己想象的那么优秀，身上总有一些棱角需要现实的一次次困难来打磨，也是在经历挫折之后，我们才知道自身有哪些不足，然后有目的性地提升自己。在这个过程中我们可能想着要放弃，但只要挺起胸膛走过来，总会看到不一样的自己。

我们在大学里学到的很多知识都只是理论上的，跟实际工作会有所不同，所以，在刚刚步入职场时我们需要一段磨合的时间——在这个过程中，我们就要充分将理论和实际不断融合。

没有人一开始就能够将工作做得多么完美，也没有人能保证工作几年就能够变得优秀。职场之中变数很大，外部环境也在不断改变，我们的工作不可能如最初一般顺利。所以，我们要不断地改变自己，以适应工作岗位。

熬夜工作，被领导当头大骂等都不是什么大事，只要我们得到了提升，在工作中取得了进步，我们都会对那些事报以微笑，之后我们就是更优秀也更坚强的自己了。

刚刚毕业的你，无论日子过得多么天昏地暗，我相信，只要你不断在职场中砥砺自己，未来的某一天，你熬过的夜、流过的汗、经受过的质疑与批评，都将被你视为人生中必不可少的催化剂。

2. 可以怀疑自己，但绝不要扼杀自己的可能性

那些外在形式以及贴在你身上的标签，只是一些名词而已。

一

以前的我年少无知，总以为真理就掌握在自己手中，全世界必然会以我为中心。于是，在那个年龄自己该做的事我没做，不该做的事我却做了。

比如，看到别人埋头苦读，夜以继日地奋斗时，我认为那还不如在宿舍睡个懒觉来得实在；周末有人在图书馆复习功课时，我觉得在网吧泡上一天比学习更有意义。

初一时，我就读的学校有两种类型的班级，一类是重点班，另一类则是普通班。在当时的我看来，学校对普通班并没抱任何希望，它们的存在形同虚设，唯一的用处就在于为老师找点事做罢了。

那时候，班里有个非常好学的男生，我们都称他为“王学霸”。除了吃饭和睡觉的时间，只要在教室你准能看到他。而我们大多数男生则不同，不是在球场就是在宿舍，恨不得把宿舍的床给坐出洞来才心不甘情不愿地去教室。

有一个周末，教室里只有我和“王学霸”两个人，我拿着一套数学试卷坐在座位上看着，可是看了半天，发现也没多少会做的。我走到他的桌前，说：“走吧，打球去，在普通班里你再努力也没用。”

他淡然一笑，说：“你都没努力过怎么知道没用呢？就算没用，也得努力过后才知道吧。”

我顿时哑口无言。

临近期末的时候，努力与不努力的差别就显现出来了。你播下了种子，那么，它总会生根发芽，随后你锄草、施肥就会结出果实。而你只种下了种子却置之不理，那么，就算它发芽了，你也很难看见它开花。

分数下来的那天，“王学霸”考了年级第八名，很多重点班平时表现不错的同学跟他的分数都有差距。而我呢，分数低得简直无颜面对那些对我抱有希望的人。所以，父母给我转学到了一所私立学校。

那时候，我才开始反省自己：普通班只是外在形式，如同束缚在你身上的枷锁，而你要想走向远方，就必须靠自己的努力挣脱一切外在形式对你的束缚。

二

“普通”与“重点”只是两个不同的概念，外在的命名不可能就是你既定的状态，你可以让自己在普通班里变得不普通，而那些重点班的同学如果不努力，跟待在普通班里也没差别。

原本我很疑惑，直到想明白这些事情之后，我才静下心来。于是，周末的时候我不会再泡吧，球场上也很少能看到我的身影，教室和图书馆却成了我常待的地方，每晚我也学会挑灯夜读。

努力后的自己，生活变得充实了，学习成绩也逐渐上升，在班上的排名逐步靠前了。一开始我并不敢相信，直到期末考试考出了让自己都不敢相信的成绩时，我才懂得没什么事情是不可能的。

那种感觉是美妙的，是以往的自己未曾体会过的。

我替自己感到骄傲，于是从那时候开始将努力学习当成了一种常态，到高中也是如此。原本被视为一个普通差等生的我，竟然也考上了大学——对我来说，那是一种不敢想象的事情。

我们总以为很多事情自己都做不了，但试着努力去做，会发现自以为做不到的事情自己却做到了。很多时候，你缺的不是能力，而是做事的决心以及行动力。有些事情如果只停留在嘴上，那么真的可能做不了。

如今，“王学霸”已经是县城一所中学的教导主任，半年前还买车买房结婚了，在那座小县城里也算是把生活过得有模有样了。

这样的生活状态同样是我没法想象的。如果换作曾经的那个自己，我一定会认为像自己这样的人，尤其是那个普通班里出来的同学，怎么可能会有这样一份体面的工作，甚至还能当上领导呢?

这不是没可能，只是可能性被我们自己扼杀了。一想到那些看似困难的事情，我们就开始踌躇不前；面对那些自认为遥不可及的东西，我们就开始退缩，于是形成了习惯，最后会将原因归结于自己能力不足。

恰恰是由于这样的心理暗示，导致我们失去了太多的机会，太多的可能性就那样被我们丢掉了。或许我们不是那么优秀，但可以凭借努力让自己变得更优秀，将那些不可能的事情变成可能。

三

人生有很多选择，在面对事情的时候不要畏首畏尾，自认为无法胜任——你都没去做，怎么就知道不可能呢？当你为一件难以胜任的事情而努力时，你的能力也会在这个过程中得到提升，那么，你做好事情的概率也就相应地提升了。

给自己一点信心吧，没有人生来就会做任何事情——只要你愿意付出，只要你奋勇向前，那么，你会冲出重围，闯出一片属于自己的天地。

那些外在形式以及贴在你身上的标签，只是一些名词而已——它们不是你的定论，你本身就有很多的可能性。所以，别让那些条条框框束缚住你。

你的世界很大，自己不该安于现状，视牢笼为美梦而不自知。

3. 有些责任，比你的梦想更重要

责任不是牵绊，也不是道德绑架，那是我们必须要负担的事情，承载着我们对他人的爱，而且，那种爱是时间、金钱、理想等永远都不可能替代的。

一

大三那年，老莫去苏州实习，其他两名室友也因为实习只有周末才会回校。那时候，每天我一个人吃饭，一个人在宿舍写稿，再也听不到往日里大家谈天说地开各种玩笑的声音了。

午睡醒来后，我常常有一种空落落的孤独感，于是就不再睡午觉了。我拼命在各个地方找实习机会，终于在一家贸易公司找到了一份行政助理的工作。虽然日子过得忙碌了些，好在每天都特别充实。

有一个周末，我跟总监出差到了武汉，老莫给我打来电话："兄弟在哪儿？我们三个都回来了，你快来，大家一起聚聚。"

我跟老莫已有半年未见，大家能够在百忙之中抽空回来实属不易。但我手头有工作，确实抽不开身，不得不说明情况表示了遗憾。

但让我意想不到的是，他们赶了晚上的高铁来到武汉。当他们给我打电话的时候，我除了惊喜，余下的便是感动。

我们找了一家街头大排档吃饭，话题也变得比以往更加沉重了——不是"英雄联盟"，也不是某专业的"系花"，更不是校门口的某家烧烤店，而是未来的自己何去何从。

吃喝到了凌晨一点，我们找了家酒店一起住下。夜深人静，我久久不能入睡，打开床头灯坐了起来，发现老莫在窗前的椅子上坐着抽烟。

"怎么还没睡？"我问。

“其实，我这次回来，是因为不想在这家公司里待下去了，我想去深圳。”他皱着眉头说道。

我知道他所在公司的待遇和福利都不错，可不知道他为什么要离开。他补充道：“我总觉得不甘心，上大学时想去广州，结果没去成，现在有机会了，我不想再放弃。”

我知道，人应该有梦想，可我也相信，人不能活在梦里。很多时候，你都要脚踏实地，一步一个脚印地慢慢去走——属于你的东西，命运早晚都会给你；不属于你的东西，就算你拼尽全力也无法获取。

所以，我说：“你要想清楚，毕竟哪里都可以去，但要坚持下去，也并不是想象的那样简单。”

他说已经下定了决心，这次非去不可。

我跟他坐在窗前聊了很久，各自谈到了往事，也谈到了对未来的规划。我无法想象接下来他会有什么样的生活，但我相信他的那颗心绝对是炽热的。

二

毕业后，老莫真的要去广州。我送他上火车的时候，他说：“等我安顿下来，你有机会就过来看看，我们可以痛饮三天三夜。”

“别磨叽了，快走吧，等你站稳脚跟了再说。”我说。

在拥挤的车站，看着老莫的背影消失在人流中，我感慨于相处四年的兄弟就那样各奔东西了。

坐在回去的公交上，我望着窗外这座熟悉的城市出神。曾经我非常热爱它，这一刻却觉得它是那般苟且，就连我的这些朋友都留不住。或许是他们自己必须这么选择，因为你也留不住决心要离开的人。

不久，老莫又回来了，我跟他回学校逛了一圈。我们在学校门口那家以前常去的餐馆吃饭，点了大家爱吃的菜，一口酒一口菜就吃了起来。

我多少已经猜到了，他在广州或许过得未能像自己想象的那么容易。

我们吃了很久，店里的人越来越少，老莫说："当初我信心满满地过去，现在狼狈地回来了，但真的一点都不觉得后悔。"

"为什么不在那里待下去？"我疑惑地看着他，因为以他的能力，绝不可能找不到工作。

老莫喝了一杯酒，说道："最近母亲生病住院了，我还是得回去。如今父母逐渐老了，跟父母在一起一天就是赚一天。"

我又一次送老莫去车站，不过这一次是送他回老家——上一次送他，我看到的是对未来的憧憬，而这一次我看到了沧桑和忧虑。

毕业以来，老莫一无所成，加之母亲生病住院了，这些都让他日渐憔悴。但是，有时候我们别无选择，必须得这么做——在父母需要我们的时候，我们一定要陪在他们身边。

老莫的母亲是肝癌晚期，半年后就去世了。他告诉我，原来，母亲在他上大学时就已经患了肝癌——为了不让他担心，也就一直没告诉他。这一次，家人实在撑不住才把他叫了回去。

我从未见老莫哭过，而这一次他哭了。他说，母亲生前一直催他娶媳妇，老人的心愿就是能早日抱孙子——可她越是催他，他就越加漫不经心。现在她离去了，永远没法抱孙子了。

三

老莫在老家的城市找了一份工作，与父亲住在一起。有一次，我们去旅行，去了一趟他的家里。老人健谈，跟我们都聊得很开心。从老人口中我们才得知，原来老莫是他们从孤儿院里领养的。

或许他们已经习惯了这一切，可我们都震惊了——这其中夹杂着极为复杂的情感。我想起上大学时每隔几天就会给家人打电话，兄弟姐妹全都会聊个遍，其他室友的家人每隔一段时间也都会一大家子来宿舍看望。

每逢那时候，老莫都不会留在宿舍，总是一个人找各种借口避开。

那天晚上，他送我们去宾馆，我跟他在宾馆楼下聊了一会儿。我问他："你是不是一直会在这座城市待下去？"

老莫将烟头扔在地上，将脚尖放在上面来回踩着，说："父亲老了，我只能在这里陪他，我只有他这么一个亲人，我要尽好自己的责任——相比那些梦想来说，这太重要了。"

"梦想"这个词，毕业后我们就没再提及。很多时候我们整天沉浸在工作的忙碌之中，回家后倒头就能睡到天亮，已经忘了自己最初有何愿望，时间过去越久，这种记忆似乎变得越模糊。

我回去后，老莫跟我打电话："责任是要担负的，但是可以选择的时候就要去选择，我还是这样想的。"

我想起老莫家的那座城市，不大，周围群山环绕，夜晚的时候站在一座小山上便可以将整座城市尽收眼底。

是啊，那里真的太小了，小得容不下老莫的梦想——对我来说，至少是这样的；但老莫还是在那里生根发芽，无怨无悔地留在了那里。

或许我们曾经都有过很多梦想，每天都会提到的就是未来的自己要做什么，要过什么样的日子——可最后我们都没能如愿，因为眼下还有更为重要的事情等着自己去完成。

责任不是牵绊，也不是道德绑架，那是我们必须要负担的事情，承载着我们对他人的爱，而且，那种爱是时间、金钱、理想等永远都不可能替代的。

无论你走得多远，都不要放下自己该扛起的责任。

4. 总有那么一段时间你会低迷走过

有些事情就是在疑惑中前进的，而一次次在疑惑中我们能更清楚地看到那个脆弱的自己，在此后的日子里为自己的坚强添砖加瓦。

一

大四那年，我们几个老乡出去聚会。平日里，有些人在各处实习，有些人忙于奔赴各地参加招聘会，也是难得一聚。饭后，我们一起到足球场聊天，美其名曰“谈人生”“谈理想”。

以前，大家聚在一起谈的是去哪儿玩、玩什么，去哪儿吃、吃什么……这时候已经不同了，虽说我们是在谈人生、谈理想，其实谈得最多的是现实。在面对未来的时候，每个人都有自己的规划，其中也伴随着未知的恐惧。

说到何去何从，我一片茫然。我跟娟同学都是学汉语言文学的，她决定回贵州老家考公务员。

老沈的专业是汉语国际教育，大一的时候他就决定跨考法学研究生，只是大三那年暑假，我们都在忙着四处实习的时候，他突然放弃考研的决定，一个人拖着行李回了老家。

敏同学的专业是市场营销，毕业后打算直接找工作，志向是在北上广深等大城市。她说："越往大城市走，眼光以及格局也就越不一样，尤其从事市场营销，这种人际关系的格局尤为重要。"

老左跟老王都是通信工程专业的，在我看来，工科学生每天都要不断学习新技术，然而他们并没考研。老左一直有去深圳的打算，老王则向往成都。

我不知道自己何去何从，当时我认为自己的"归属"是工作。有朋友说："你可以以写作为生啊！"其实，这个想法我也曾有过，只是后来打消了。一是，就那时候的写作状况来看，我无法养活自己，更别说给家人更好的生活了；二是，真正的写作也不是我那种状态下的写作。

那天晚上回到宿舍后，回想大学四年的生活，我发现自己几乎一无所成，除了信手拈来地写了一些文章，记录了点滴的生活，别的一无所获。说到自己的文章，我也很惭愧，写了很久，却像是漂在海上找不到方向的帆船。

我的第一部小说出版后，同年 5 月，我的第一部随笔集也面市了。历时半年多，我总算看到了样书。

有段时间，为了写作，暑假我也留在学校。我每天起早贪黑地写稿，眼睛几乎一整天都对着电脑屏幕，虽然很疲惫，但自己并没有放弃的打算。

但总是有很多意想不到的事情随时会发生。7 月上旬，奶奶感觉身体不适，母亲带她到市医院检查，发现病得严重。母亲在电话里哭泣，我心烦意乱，当即订了当晚从合肥到贵阳的火车票。

在家待了一个星期，奶奶说让我不要担心，我心里五味杂陈。回合肥的那天早上，我很矛盾，奶奶眼睛红肿地看着我，但我没有哭——我觉得眼泪是不该轻易掉下来的。

回校后，我继续改稿，9 月初的时候把稿子交给了编辑，但是，书一直没能出版。当时，我的心里产生了极大的落差，开始反反复复地问自己：这么拼命到底是为了什么？

当晚，我一个人跑到外面找了一家烧烤店，点了几瓶啤酒、一条烤鱼，开始吃起来。想想连一起吃饭的朋友都没有几个，我的心情落到了谷底。

那天晚上，我也不知道自己是如何回到宿舍的，只记得第二天醒来的时候已是中午，自己就躺在椅子上。

有些事情在做的时候可能你觉得终会看到结果，但结果也是你无法预料的。就像种下的种子，在即将开花结果的时候，一场旱灾可能就会使之干涸而死。所以，有时候我们不得不面对太多未知的事情。

二

前段时间，有几个文友跟我一起写合集，他们常常在凌晨的时候发稿子给我。每次收稿时我都特别感动，因为那是在白天忙碌过后他们熬夜写出来的。

我常常跟他们说，不要因为写稿而熬夜。可是，写稿是一件很奇妙的事情，有时候对着电脑你会没有任何思绪，甚至连一个字都打不出来，特别是赶稿的时候，写不出来我就想大骂。

有一个晚上快十点了，老王让我过去吃夜宵。

我说："赶稿子呢，没时间去吃。"

半小时后，他给我打电话，让我下楼。我穿着拖鞋就往楼下走，刚走到门口，就看到他骑在摩托车上，车把两边挂着烤肉，踏板上放着啤酒。

他说："走，喝酒去！"

那天晚上，空气好像散着闷热的味道，花园里寥寥无几人。我们坐在路灯下的椅子上，打开啤酒，一个劲儿地碰着喝。

那时候老王在电信公司，与其说在工作，不如说在跑腿、打杂。他每天跟在负责人后面做着准备工作，像沏茶、准备维修资料等，不时还会被吼上几句。

“其实，那些都不是事儿，只是我真的学不到任何东西，不知道每天在单位待着是为了什么，难道真的仅仅是为了生活吗？”老王低下了头。

第二天早晨，我起床准备看稿的时候，看到老王发来的短信：“有些事情在做之前是不知道意义何在的，只是做着做着你就会发现，其实，意义是在不经意间就会到来的。”

三

铁女士高考没考上理想中的大学，她非常难过，跑到我家里来找我哭诉。她说：“我付出了这么多，可竟然是这个结果。”

我一边抽纸给她，一边说：“失败是成功之母！”说实在的，如果这种话是我对自己说的，那么一点用处都没有。

她停止了哭泣，抽噎着说：“对，我打算复读，明年考你读的学校。”

第二年的时候，她还是没考上，然后一个人去了深圳，在一家美容院学习美容。我以为她会打电话再跟我哭诉，可是出乎我的意料——就连她的朋友圈里，也只字未提有关高考失利的事情。

后来，我听说复读那年她很努力，可是就在考试前一个月，她父亲在工地干活时出了意外，母亲也因此病倒。

她在经历这种人生惨境的时候，我正在杭州旅行，没有任何人告诉我她的状况，包括她自己。后来，我去深圳找她，当时她正在给客人做美甲。二十岁出头的她，打扮得异常成熟。

中午我们一起到附近的餐馆吃饭，她说在她的地盘自然是她请客。吃饭的时候，我们交流了寥寥数语，没有对过去的回忆，只有对眼下的描述。

我回宾馆的时候，她说："有些日子是得挺过去的，不管当时情况如何，你都无法选择。"

看着她转身离去的背影，我的鼻子异常酸楚。

就在她来深圳的前一个月，她的母亲在医院里因抢救无效去世了。那天晚上，我在熬夜写稿，手机静音。第二天我才看到有十几个她的未接来电，但等我打过去的时候，那头已经无法接通了。

之后我再联系到她的时候，她已在深圳。我并不知道那段时间她是如何走过来的，但我相信，她一定没有自暴自弃过。

总有一段时光我们会低迷地度过，或迷茫，或孤独，甚至想过就此停滞不前。不过，有些事情就是在疑惑中前进的，而一次次在疑惑中我们能更清楚地看到那个脆弱的自己，在此后的日子里为自己的坚强添砖加瓦。

5. 害怕被别人伤害，就不要伤害别人

有些伤害是刻骨铭心的，在生活中，我们要尽可能不去伤害每一个人。

一

初中时，我们班转来了一名来自江苏的女同学，她乐观开朗，非常活泼——每天无论上课还是课间，总能听到她的声音。除了班主任能够降得住她，其他老师面对她时只能扼腕叹息。

那时候我们也不是省油的灯，看到这样一个嚣张跋扈的女孩子，总是想着找各种方式来整治她。

我们上的是私立学校，所有人必须住校，所以，大家的生活起居全都在校内。

当时，我们九年级都在食堂三楼吃饭，每个班必须按顺序打饭。但那名女同学从来不排队，只要到食堂，她就拿着饭盒打饭。经验使然，打饭的叔叔阿姨看到插队的她也不会给她打饭。最后，她索性自己抓起勺子打饭。

为此，她得到了一个“手抓饭”的外号，还被班主任叫到办公室里训了一个下午。但她并没有因此而改变，每天依旧活跃在各个角落。

那时候还没有智能手机，但已经有触屏手机了，她喜欢炫耀，买个新手机就在班里到处跟人说，唯恐天下不知。

结果，一星期后，她的手机被班主任没收了。

她喜欢打扮，每天早上是一套碎花裙子，下午又是一套连衣裙，穿到班里就四处说她的衣服多贵，是什么名牌。不久后，班里的女生们都忍不了了，公开挑衅她说：“你说自己的那衣服这么贵，不就是地摊货吗？”

那时候年少轻狂，我们的世界里没有真理，只有自认为的对和错。所以，当时在我们的眼里，那样趾高气扬又刁钻跋扈的她早已经被判了“死刑”。于是，大家开始疏远她，不与她靠近，曾经跟她走得近的几名女同学也渐渐地与她保持了距离。

终于，她开始一个人安安静静地排队打饭，一个人去上课，一个人在校园里活动，一个人在午后的阳光下坐在后山的亭子里看书。往日那个无处不在的她，忽然变得安静了。

大家一同将活蹦乱跳、乐观开朗的她逼成了沉默、孤僻的她，我们觉得这场战争是大家赢了。看她越是孤独，我们越是开心，就算她开始与大家接近，大家也总觉得那将会遭到来自全世界的敌意。

所以，无论她作何改变，我们始终与她保持着距离，总以为不站在她那边，我们就永远手握正义了。

不久后，她转学了，至于去往何处我们无从知晓。

二

一名主持人谈到了自己的故事，说上小学的时候，他不小心把老师放在教室后面的暖瓶打碎了，老师狠狠地骂了他一顿，还罚站了他……虽然事隔多年，但现在讲起这件事他都有想哭的冲动。

诗人奥登说："人受恶意之作弄，必作恶以回报。"

三年级的时候，我在外公家附近的学校上学。印象中，数学老师微胖，她看似和蔼，却是我最怕的一位老师。

有一次，我的数学作业没有及时完成，跟其他三名同学一起被数学老师罚站。

我已经不记得同被罚站的同学以及那位数学老师的名字了，但我深深地记得，那天我站了两节数学课的时间，放学后又继续在办公室里站。

我们最终得以解脱，是外公跟另外两名同学的家长出现了。当时我已经饿得几乎没力气了，外公把我从地上扶起来，然后带出了办公室。

学校离外公家有两公里的路程，所以，外公特意给我带来了午饭。我坐在操场的椅子上吃着饭，听到办公室里传来外公和另外两位家长跟数学老师争辩的言语。紧接着，校长和教导主任也来了。

第二天， 那位数学老师就没来学校上课，而且我再也没见过她。

三

后来，我在 QQ 空间好友的推荐里看到了那名江苏女同学，带着忐忑的心，我加了她。

在愧疚的同时，我也很是欢喜，这么多年过去了，我竟然还能再次联系上她。她同意了，然后我们成了 QQ 好友，之后就聊了起来，也大概知道了她的近况。

再后来，我们成了微信好友，从她的朋友圈里我看到，她打扮得端庄大方，无形中生出一股由内而外的气质。

看她把自己的生活记录得那么好，我心里莫名地感动了起来。我想起曾经那个活泼的她因为我们的冷眼而消沉，却没有因此而沉沦，而是以更高的姿态活出了更好的自己。

四

青春的年纪里，我们明明知道做某些事情会伤害他人，却还是会去做，因为我们从来不懂得顾及他人的感受，只知道用自己的方式去让他人走向我们设定的方向，在背后看着他人因我们而尴尬的时候就会以此为乐。

那时候，我们感觉这就像是在给人设伏一样，总感觉让他人掉进自己的陷进里，我们就会成为赢家。可是，时隔多年后，我们就会为曾经那个幼稚甚至愚蠢的自己感到愧疚。

好在那些被我们伤害过的人并没有因此而丢失自己，否则，这一生我们都将活在自责之中。我也很庆幸，那些被我们伤害的人有勇气在后来的日子里找到自己的小太阳，把每天都活成了快乐的模样。

有些伤害是刻骨铭心的，在生活中，我们要尽可能不去伤害每一个人——一个人的身体受伤了，一般能够治愈；但心灵若是受伤了，那或许一辈子都无法痊愈。我们害怕受伤，同样要知道别人也害怕受伤。

如果我们都曾浑身是伤，都曾在他人的伤害中久久找不回自己，那么，在余生中我们就不要将同样的伤害放到他人身上。

每一颗心在某个时候是无比脆弱的，尤其在年幼时，伤害会像种子一样生根发芽，或许会成为一辈子都无法抹去的阴影。用温暖去关心身边的人，不要轻易给别人“判死刑”。

6. 就算死撑，也绝不要选择放弃

不管眼下的日子多么艰难，你过得多么孤单，这些日子都会在不久的将来成为过去。

一

两天前，周琳养了五年的宠物狗小黄突然病重，在兽医院里治疗两天无效后死了。她非常痛苦，一个人哭着开车来到郊区，将小黄的尸体埋在了小树林里。那两天，她没心情上班，整天在家睡觉。

小黄是周琳在小区门口捡到的一只流浪狗。那时候，深圳特别热，小黄在人行道旁躺着一动不动，好像一副快要窒息的样子。它的毛凌乱不堪，身上透着一股恶臭，来往的人似乎都唯恐避之不及。

周琳下班回家的时候看到了小黄，她在小区门口的百货店里要了一个箱子，把它带回了家。她给它吃了东西，洗完澡后它身上的臭味也消失了。它吃饱喝足后就有了力气，在家里活蹦乱跳的。

家里突然来了只小狗，周琳觉得特别有意思。每天早上，她会早起带着小黄在小区里遛一圈，上班的时候也会记挂着家里还有小黄在等她回去，下班回来又会带着小黄在小区里转半个小时。

周琳是一个单身主义者，所以，尽管她已经三十六岁了仍旧一个人生活。对她来说，小黄就是自己在深圳唯一的亲人，它的离开无疑是一个晴天霹雳。

那几天，她跟我聊天时说："你快安慰安慰我，我真的受不了了，什么都不想做，我感觉心里已经有阴影了。"

我与她相隔千里，没办法到她身边去陪伴她，只能在电话里安慰一下。

或许有人会不理解：不就是一只狗吗？她至于这样要死不活的吗？只是他们不知道，那是曾经与她相依为命的小黄，她难过的时候，它可以听她诉说；她无聊的时候，它可以陪她闲逛。

二

周琳是我的一位亲戚，大学毕业后一个人去了深圳，在一家房地产公司做销售，三年前在惠州买了房。

对于她不结婚的决定，一开始家人都很头疼，时间久了，大家也就慢慢地接受了，毕竟观念总得跟上时代潮流，不结婚也不是什么大不了的事情。有一次，我问她：“找一个人陪着多好，一个人的话，连个想说话的人都没有。”

她说：“现在有小黄陪我，我很好。”可如今小黄没了，她真的连说话的对象都没了。

周琳是那种偏执的人，自己认定的事情一般不会改变。所以，从上大学到毕业，从贵州到深圳，她看似一意孤行，实则步步为营。

我记得，初到深圳的那段时间她是怎样度过的，身上没多少钱，住的是不足十平方米的小阁楼，夏天热得她整夜都睡不着觉。因为毕业于一所二本院校，加之专业的影响，她在找工作的过程中遇到了不少麻烦。

她跟我说起过自己在那边酒店打杂的情景。每天天还未亮就得起床，晚上要工作到十一二点，一天就只睡几个小时，后来导致白天端盘子的时候都站不稳。可是，路是自己选的，她只能继续向前走。

在酒店打杂的好处是包吃包住，她不用担心房租和生活费。那时候，她到深圳已经一年有余，家人说要到深圳去看她，但都被她拒绝了。

她说：“现在你们都不要过来，等我买了房，你们再过来玩吧。”她说完这话，所有人都觉得很滑稽——在深圳买房，这不是做梦吧？

不久后，她在一家房地产公司做起了销售。第一次做销售的她格外努力，每天的时间和精力都放在了卖房的事情上。

连续两年她都没有回过老家，每次她给家里打电话时父母都老泪纵横。而她从来都是一副积极乐观的样子，让人感觉不到任何悲伤或是孤独的心绪。

我上大学后跟周琳联系得更多了，每天我们都会在QQ上交流。那时候我才知道，其实，在大家眼里坚不可摧的她也有自己脆弱的一面。

她常常觉得孤身一人在一座城市是一件可怕的事情，没多少值得交心的朋友不说，生病了也得一个人去医院做检查。但我劝她回老家时，她会说："我已经在这里这么多年了，虽然有时候自己真的很无助，但还是得撑着。"

三

后来，周琳凭借个人业绩月收入至少能上万元，绩效高的时候能挣好几万元，那是她甚至是我们都不敢想象的薪资，毕竟跟之前的境遇相比，如同梦境一般。但这是真的，而且不久后她还当上了楼盘销售负责人。

这份工作做了几年后，周琳在惠州买了房。有人又不理解了，在深圳工作，怎么跑到惠州去买房呢？因为深圳的房子贵！而在惠州买的话，至少可以省下几十万元，而且惠州离深圳也不远，工作不会受影响。

周琳把房子装修好后，让父母去那里住了一个月。那可能是她过得最快乐，也是自己期待了多年的日子吧。

父母回来后，她又投入到之前那种奔忙的生活状态中。后来，小黄的离开对她产生了很大的影响，那段时间，她的情绪异常低落，我们都害怕她挺不过来。

直到有一天，我跟她在微信上聊天时，她说："不要担心，没有什么坎儿是过不去的，再艰难的日子我都已经走过来了。"

最后，她真的恢复了，而且就像换了个人似的，每天的时间被工作填得满满的。偶尔休息的时候，她会去厦门或是广州等地旅行。看到她在朋友圈里发的自己的照片或是美食时，我都感觉特别高兴，毕竟我看到了她挺过艰难之后更好的一面。

不管眼下的日子多么艰难，你过得多么孤单，这些日子都会在不久的将来成为过去。悲伤、难过或许无可避免，但你不要就此消沉下去——就算死撑，也别放弃。你要相信，没什么坎儿是跨不过去的。

总有那么一段时间，我们需要学会坚强。

7. 时间那么宝贵，做事请有效率

我始终坚信，一个智慧且热爱生活的人，一定会把自己本就有限的时间都用来做有意义的事情，而不会在未来的某一天因为虚度时光而悔恨。

一

有人会觉得奇怪，每个人每天同样都有二十四小时，而总有人做的事情要远比自己多，而且还做得远比自己好。

在此，我们就不谈论其他因素了，光从时间的利用上来讲——在快节奏的生活中，我们每做一件事情不仅要有速度，还要有效率，这样才能做更多的事情。

时间是公平的，不会因人而异，所以，每个人每天都有二十四小时。在一天里，我们要做的事情有很多，工作、学习、吃饭、休息，于是，每个人就会根据个人情况以及事情的轻重缓急来合理地分配时间。

平时我既要工作，又要写作，还得处理很多其他事情，身边的朋友就问我为什么会有这么充足的时间。我之所以能够在有限的时间里做更多的事情，并不是自己的时间多于别人，而是我只是把闲暇时间都利用起来了。

那么，怎样才能把时间充分利用起来呢？

首先，当你想要刷朋友圈和网页的时候，想想还有更重要的事情要做，敦促自己把手机收起来。

其次，在餐馆等饭的时间，我会把事先存在手机里的资料打开看看，然后等到要整理资料的时候就不需要花时间再看一遍了。

晚上回家后，时间也是很宝贵的，而且那段时间你可以自由支配。有些人会选择出去逛街，吃饭，看电影，与朋友聚会。当然，每隔一段时间出去一次也能够理解，但如果每天如此便是浪费时间了。

每次下班回家后，我就开始写作，因为把写作当成了工作，我就不会给自己找借口，并会督促自己每天都必须完成多少字数。久而久之，这就成了一种习惯，所以，就算白天有再多的工作，晚上我仍旧能够坚持写作。

但每个人的情况不一样，时间安排也会不同。有些人不管多忙，总是不能好好地利用时间，并把大把时间浪费在了无关紧要的事情上面。这就需要你的自控力——没有自控力，说再多也都无济于事。

二

一位朋友跟我说，他总觉得自己很忙，每天的时间都不够用，事实上，自己也并没有做成多少事情。偶尔有人约他出去，他总是以自己太忙为由推托，可当自己觉得有事要做的时候，才发现看看手机时间也就过去了。

一个人之所以有这样的感觉，原因很简单，就是自控力太弱，于是在不经意间把时间荒废了。我跟他说："若是你能把玩手机、刷网页，跟一群不认识的人在一个没什么意义的群里聊天的时间拿来做事，那肯定能够完成很多事情。"

所以，增强自控力是极为重要的。而这不仅在时间利用方面有着重要的作用，在其他方面都是不可或缺的。

有一位朋友喜欢吃喝玩乐，于是贷款开了一家火锅店，一开始的时候生意很好，每天他都忙得不亦乐乎。

可是，好景不长，因为他生性好玩，隔三差五有人来找他出去玩，一次两次他拒绝了，多次以后他便关门跟大家出去玩，放着生意不做了。就那样，一个月可能开个十天八天他就关门出去玩了，关键是他也不会找个人来帮忙看店。

不久后，附近也开了一家火锅店，他的店里就没有多少人来了。时间久了，他的店门可罗雀，只能转让给他人。之后他一算，亏了好几万元。

其实，这就是自控力太弱造成的。与朋友聚会没错，可放着生意不做而出去玩那就没什么意义了。

三

那么，怎样才能增强自己的自控力，做事有效率呢？

我认为，可以从以下几个方面来着手，这些经验并不专业，却是我从生活中总结来的。

一、当你决心去做一件事情的时候，要给自己定目标，而且有了这个目标之后，一定要坚定信念去做，并告诉自己要做到什么程度。比如，你无法控制自己不玩手机，那么，在开始做的时候，最好把手机放包里。

二、不要浮想联翩，要做到专注。你想做什么事情时就别想着其他事情，比如在写文章时就别想着看电影；在上班时就别想着晚饭吃什么；在学习时就别想着娱乐新闻，因为那与你无关。

我们会面对各种人情世故，也总是被各种讯息环绕，还有无数娱乐方式可以任意挑选。看吧，想要不被无意义的事情干扰，你就需要静下心来，也要懂得拒绝无关紧要的事情，去分辨什么才是自己真正要做的。

三、保持愉快的心情。一个人如果心情不好，那么，做事情的时候他是无法做到全神贯注的。所以，不管怎样，在投入工作之后，你都要保持愉快的心情，这样才能不影响你在工作中发挥自己的潜能。

四、尽可能不要在嘈杂的环境中工作或学习。我上学那会儿，有人觉得自己听着音乐学习效率会更高。对此，我还做过调查，结果发现少部分人是如此，但绝大多数人并不认同。

因为，在一个嘈杂的环境中，你很难集中精力，也就很难静下心来学习。所以，在有重要的工作或者学习任务时，你要尽可能找一个安静的环境。

五、要保持充沛的精力。所谓“不打疲劳战”，工作再忙也要注意休息，因为休息不好是很难做到做事有效率的。所以，不管多忙，你都要安排一定的时间来休息——磨刀不误砍柴工，精神好了，做起事来也会有事半功倍的效果。

六、目标不要太大，将计划细分到每天完成多少的量。很多人都有给自己制订计划的习惯，但是最终能坚持执行的并没多少人。

一方面，可能是我们自身的问题，但计划本身也要科学制订。比如，你计划一天联系二十位客户，坚持一下呢能够做得到；但如果你规定自己一天要联系两百位客户，那就有点不切实际了。

另一方面，效果也很重要。比如，你规定自己每天背五十个单词，那效果可能很好；但如果你规定自己每天背三百个单词，那效果可能就不明显了。

所以，制订计划要符合实际，因为不切实际的计划只会让你产生抵触情绪，就算完成了，效果也不一定会好。

每个人都有自己的时间管理经验和做事方法，我所说的也只是个人经验。但我始终坚信，一个智慧且热爱生活的人，一定会把自己本就有限的时间都用来做有意义的事情，而不会在未来的某一天因为虚度时光而悔恨。

时间很宝贵，金钱也无法买得到，所以，你不能浪费它，做事的时候要做出效率来。

8. 不逼自己一把，你都不知道自己有多优秀

我们总以为别人的成长就是一种励志故事，其实我们本身也是如此。

一

我刚进那家文化公司时，它规模不大，员工也不多，我们策划部也就四五个人。当时大家都不想打扫卫生，后来总监提了一个办法，那就是谁来得最晚谁打扫。虽然这像是一

个无理取闹又不成文的规定，但之后大家都去得很早。

我是一个喜欢睡懒觉的人，因为晚上基本都会写文章，所以，早上我一般都会把时间安排好，不会太早，也不会迟到。可是，那个大家都一致赞同的规定出来后，我发现自己竟然能够提前半个小时起床，然后早早地赶到公司。

有时候不是你做不到，而是看自己愿不愿意去做。如果我们有破釜沉舟的勇气，不给自己“留后路”，那么，很多事情我们可能都会努力寻找到转机，甚至我们自认为不可能的事情也会有绝处逢生的希望。

我曾看到过这样一个故事：有一个人捡到了一只小鸟，就将它带回家里，给他的孩子玩耍。孩子将小鸟与小鸡放在了一块儿饲养，慢慢地，它长大了，人们这才发现原来它是一只鹰。

虽然这只鹰与鸡群相处得很好，但村里总有人家里丢鸡，大家就怀疑是这只鹰吃了鸡，强烈要求主人将它处死。这家主人虽然舍不得这只鹰，但迫于大家的压力，决定把它放生。但是，不管主人将它放到什么地方，它总能回来。

有一个人说他有办法，于是将鹰带到悬崖边。他将鹰向深渊里扔了下去，那只鹰一开始就像一块石头掉下了悬崖，直直地向下坠，眼看就要到崖底了，它突然展开翅膀，奇迹般地飞了起来，而且越飞越高，越飞越远，再也没有回来。

这个故事告诉我们，在没有压力的环境里，我们往往会变得慵懒，不愿意去寻找更加广阔的平台，而是在自己的小世界里自得其乐。但是，盛世的繁华中往往潜藏着危机，就像《清明上河图》让我们看到了一个繁华的汴京，背后却隐藏着大宋王朝即将崩塌的秘密。

在看似平静的生活里，你不逼自己一把，怎会知道自己有多优秀呢？

二

我跟小敏认识是因为我跟她妈妈是同事关系，她叫我叔叔。其实，我俩年龄相差没多少，但同事都习惯叫她妈妈于姐，于是她也就叫我叔叔了。

小敏是个很有个性的女孩，化妆、游戏、泡吧、交友都无所不能，唯独对学习从来都不上心。为此，于姐很是头疼，虽然她也曾软硬兼施，但效果并不明显，甚至让小敏的叛逆心理越来越强了。

一个孩子心理不健康的话，一定跟家庭教育有关。这一点于姐倒是清楚，也是她无比纠结的原因。

那天，在公司吃午饭的时候，她说："老弟啊，现在我真的不知道如何去管教女儿小敏了，甚至连建议都不敢提。"看到一个母亲的爱和无奈，我不知道是学校教育的缺失，还是家庭教育的缺失，如今的父母对教育子女都束手无策。

后来，我认识了小敏，于姐就让我开导开导她。

我第一次见小敏是在公司门口，那天她穿着一身运动装在等于姐下班。经于姐介绍，我才知道让她头疼的竟然就是这个姑娘。

小敏笑着叫我叔叔，从骨子里我能感觉到，其实她挺乐观开朗的，如果说她真的叛逆的话，或许只是年龄使然。

我决定与小敏见第二面，不是因为自信，也不是因为于姐的请求，而是我感到她并不是那么糟糕或不思进取的人——她给人一股源自骨子里的正能量，这足以让她改变自己。一个人只要不甘堕落，在内心深处并未放弃自己，那么，他总会在某个时刻实现自我超越。

那时候，小敏正上大二，但挂科已有五门，于姐还因此收到了小敏辅导员的通知书。当时我很好奇，一个能考上大学的女孩，为什么在大学里就懈怠了呢？

小敏给我的答案是："我妈几乎给我规划好了每一步，就连大学也是她给我挑的，她越是想要插手我的人生，我就越不想沿着她铺设的道路走。"

这种情况在中国式家庭中屡见不鲜，很多父母望子成龙，望女成凤，都想着要把自己眼里最好的东西给子女——可是他们不曾想过，他们所给予的东西孩子是不是会真的喜欢。

孩子不敢违抗父母的意思，就会按着父母的意愿去生活。而父母当然认为自己所做的一切都是为孩子考虑，却从来不曾问问孩子是不是真的从心里接受了这样的生活。于是，随着年龄的增长，孩子也就慢慢养成了叛逆的心态。

三

有些事情，别人做了以为是为了我们好，可是对我们来说，那未必就是自己真正喜欢的。所以，有时候你的付出未必会有人买账。换句话说，只有知道别人需要什么，我们才能恰当地给予或是选择帮助。

作为一名大学生，小敏有自己的思考和判断能力，我不会以自己是过来人的姿态去告诉她生活该如何去过，或者在面临当下的情况时该如何去做选择。所以，我只是说："当一条路已经无法回头去走，那你就继续往前走，也只有继续往前走，你才会看到出口，才会有重新选择的机会。"

我并不认为这句话能够改变小敏的态度，但我能够肯定，她在内心深处一直等着那个两全其美的结果。从那以后，我很久没再见过她，后来于姐跟我说，她在大三的时候拿到了奖学金。

如今，小敏已经去了北京读人力资源管理的研究生，尽管她本科学的是行政管理，但终于在读研的时候选了自己喜欢的专业。

四

我再次见到小敏是在她研二假期的时候，那时候我已经不在原来的公司上班了，她找到了我工作的新地方。

中午吃饭的时候，她跟我说："那时候，其实我也并不想那样自甘堕落，只是常常会有一种赌气的心理。后来，我觉得自己不是没有选择的机会，只是需要自己去争取。"

我非常高兴，有时候我们听惯了别人的故事，常常会忘记自己的人生。我们总以为别人的成长就是一种励志故事，其实我们本身也是如此。有时候做一件事情不需要轰轰烈烈，但只要自己前进一步，不再拘泥于曾经而勇往直前，那现实就已经开始向我们妥协了。

现在，小敏在一家二本院校做人力资源管理的讲师，她把自己的生活过得安稳而精彩，算是自己喜欢的模样。

于姐曾经跟我说过，她希望小敏将来能够考公务员，就算做一名小科员，她也就心满意足了。想想我都觉得有些后怕，如果真的按照这样的步骤走下去，小敏能够坚持下去吗?她能够有如今这种自由的生活吗?

或许有些事并不是我们能够左右的，但有时候自己应该遵从内心，只要不自甘堕落，人生就有无限的可能。

第三章

你所选择的安逸，是自己不想改变的现状

弱者在逆境中会一蹶不振，而强者在逆境中会越挫越勇。那些嘲笑与埋怨，你要将之化为前进路上的原动力。

1. 留在大城市，用汗水浇灌生活

别在意竞争有多激烈，压力有多大，只要你有一颗奋发向上的心，找到前进的方向，正视外界因素，总有一天你会拥有自己想要的生活。

一

电视剧《欢乐颂》曾经风靡大江南北，我看完后不由得想：三个女孩子买不起房，宁可租住也不选择回老家，这是为什么呢？

这其中有家人的期望，不过更多的是为自己的理想——为那颗不甘于回老家平平淡淡过日子的心。

两天前，我给母亲打了个电话，她问我什么时候回家，我说还有一个多月。

我话一说完，就听到母亲长长地叹了口气，说："怎么还有那么久？你爸还说这几天就开始准备你爱吃的腊肉呢。"

听完母亲的话，我有些怅然。

这些年我一直在外漂泊，很少顾及他们的感受。还有，我离家较远，一年很少有时间回家跟他们团圆。

记得大学毕业时，父母让我回到老家的小县城工作，但我没听从他们的安排，因为我觉得自己在大城市里总会拼出一条路。

起初，我的日子并不好过，每个月的工资拿来付完房租后便所剩无几了，还要时刻提醒自己不要冲动消费，否则月末的日子就得喝白米粥了。那样的生活持续了很久，但那又怎样，自己选择的路，我滚也要滚完。

有人问我为什么要留在大城市，在老家有亲戚、朋友，物价也不高，生活节奏也不快，稳稳当当无压力地过日子多舒服。

回老家的确是这样，没有快节奏的生活，不用早早起来挤地铁，不用为房租而发愁，也不会每次花钱都精打细算的。但是，久而久之，不用奔忙的生活节奏和工作压力会导致我们产生惰性，如果一旦形成习惯，那也就没有激情可言了。

在大城市里，你只有不断学习，不断提升自己，去适应这个每天都在进步的社会，才不致跟不上生活的节奏，被时代所抛弃。不得不承认，选择这样的生活我很苦很累，不过，人但凡想要有一席之地，谁不曾努力？

大城市里有更多的机会和平台，只要你有才华，总有一天会飞得更高更远。

二

小雨是我在工作中认识的一个姑娘，我们各自所在的公司有合作项目，恰好我们是项目负责人，从项目开始规划到结束，我俩几乎每天都会见面，一来二去也就熟了。

小雨来自河南的一个小县城，家境还算殷实，大学毕业后她放弃了家里给自己在县城安排的工作，一个人来到这座陌生的城市。

我很佩服小雨的干劲儿，在我们合作期间，她未曾休息过一天。有时候，她刚回到家工地就来电话，转身她又得火速赶去现场——她一个姑娘家，要跟着施工队伍在烈日下查看工程进度。

工程结束前一个月，她索性搬到了项目部，跟大家同吃同住。我跟她说，一个女孩子何必这么拼，而且在家乡有份稳定的工作不是很好吗？

她说："稳定只对某些人来说是好事，对我来说那就未必适合了。因为不出来，你就不知道自己可以活得有多精彩，更不会知道自己能做出什么有价值的事情来。"

看着她自信满满的样子，我自愧不如。一个女孩子孤身一人在这座离家千里的城市尚且有如此大的雄心，我怎么可以在经过某次挫败后便丧失了继续干下去的勇气呢？

三

小雨毕业于郑州一所并不知名的二本院校。她说，毕业后很多同学都选择了在当地找工作，而她特立独行，毅然选择了离开。于是，很多人都劝她别往大城市走，说那些地方的优秀毕业生比比皆是，何必要跑到那里去抢没希望的饭碗呢?

“学校固然不同，但工作能力还是得从头开始，他们越是这样说，我就越是要出来试一试。”小雨说。所以，小雨来了，一开始她的确处处碰壁，简历不知道投了多少，大多都以石沉大海告终。

“那时候我身上带来的钱快花完了，我在想着要不要回去，可是晚上走在街上，看着这座城市辉煌的灯火时，我立马又树起了信心，因为回去就再也回不来了。”

小雨依旧每天穿梭在各个人才市场找工作。为了节省开支，她下午就到餐馆做兼职，不仅可以拿到微薄的收入，还管饭。就那样坚持了两个月，最后她在现在的公司谋得了一份销售工作。

一开始她拿着最低的工资，做着最杂的活——说好听点是销售，其实就是为其他销售员打杂。进公司两三个月了，她没有得到销售任务，每天就坐在办公室里整理资料。

恰恰是那几个月的时间，她几乎掌握了公司所有客户的资料。在一次销售例会上，当销售业绩突出的员工都无法完整地对客户做出归纳和提出相应的销售措施时，她因为表现良好脱颖而出了。

她一口气流利地将所有客户的分类和需求点说了出来，并提出了相应的办法。销售总监对她刮目相看，一直不起眼的她竟然还有这般能耐，于是抱着试一试的心态让她开始做销售，而这就是她成长的第一步。

此后，小雨的业绩常常高居榜首，但她从来不会懈怠，每天都会以百分之百的精力投入其中，“笨鸟先飞嘛，既然大家都那么优秀，那我就更加努力一些。”

很多人对小雨的业绩感到惊讶，但他们并不知道小雨所做的努力。如今，她已经成了片区负责人，很少再做具体的销售工作，但在新的工作面前她也会如当初那样拼。

如果当时因为找不到工作就回老家的话，小雨或许不会有如此高的成绩，在这个人才济济的城市里找到自己的一席之地。如果真要说这个社会竞争异常激烈，那是因为优秀的人仍旧在努力，而你停在原地罢了。

别在意竞争有多激烈，压力有多大，只要你有一颗奋发向上的心，找到前进的方向，正视外界因素，总有一天你会拥有自己想要的生活。而所谓的压力，不过是你赢得收获的必经之路。

2. 真正的人生都还未开始，何必寻死觅活

人生真正的酸甜苦辣你都不曾知晓，何必寻死觅活？

一

前些日子，各省的高考结果陆续公布了，榜上有名者全家欢喜，一时间仿佛“鸡犬升天”。榜上无名者也有无数，有的人选择了复读，或是去读专科，或是直接踏入社会工作。

这些选择，都是人生。

只是另一种极端的选择让人痛心，也让人唾弃，那就是结束自己的生命。每一年高考结束后，有人总会因成绩不理想而自杀，我不禁要问：高考真的可以决定一生，甚至要因此而了却此生吗?

人生有千百种活法，而高考并非一考定终身。

考上大学也并不会高人一等，每年有几十万的大学毕业生，并不是人人都会得到一份“体面”的工作，或是从此走上人生巅峰。

相反，那些没上过大学的人，这一生难道就毫无意义了吗？

其实，没人会永远一帆风顺，每个人都有压力，命运对谁都一样，如果你总觉得世界都在针对你一个人，那你会在不经意间被世界当头棒喝。

高考只是人生的另一个起点，而不是终点，不要固执地认为高考失利你的人生会就此完蛋。别忘了，你一走了之，留下的一切又当谁来承受？

学生跳楼事件发生后，社会各界都在反思，到底是哪个环节出了问题？这除了学生自身的原因之外，家长、学校以及整个社会的舆论都有问题。

家长望子成龙，望女成凤，从小就开始给孩子报各种补习班，生怕自己的孩子与别人落下差距，于是就让孩子活在一种激烈的竞争中——当培养不再是为了提升能力，而是成为一种竞争的话，家庭教育就已经畸形了。

孩子没有假期，没有娱乐，活在满世界的任务里，为的是有朝一日能够战胜他人成为强者，而终极一战便是高考。

为了这一战，前面他们做了无数努力，背负着家庭甚至家族的希望。如果在高考的时候失利，他们会感觉前功尽弃，辜负了众人的期望，更辜负了自己多年的努力，于是会选择自杀来释放自己早已经扛不住的压力。

而社会总是给那些大学生一顶高帽子，难道他们真的就有那么了不起吗？我从来都没发现他们有多么了不起，因为他们也是人。而那些司机、清洁工、售货员就低人一等吗？完全不是，所谓的“高低”，全是我们的舆论。

在学校里，我们更应该以多元化的标准来评判一个人，而不是以分数比高低。我们不否认分数高的人有能力，但也并不是所有高分者都高能，所以，也不是低分的人就低能。

归根结底，原因都在我们自身，如果自己不能正确地认识高考，那么，再多的改变都无济于事。在整个漫长的人生中，高考失利不过是一次小失败而已，在未来的生活中，很可能会有更大的失败到来。

如果连高考这道坎儿自己都无法踏过，那人生的起起伏伏你又怎能经受得住呢？

二

以前我认识一个女孩子H，大一下学期她就开始谈恋爱，每天在朋友圈里发各种秀恩爱的动态。后来，男友移情别恋，她跑到教学楼三楼跳了下去。所幸，她跳到了一楼的草坪上并无大碍。

H来自农村，家境一般，作为家里的独生女，父母视她为掌上明珠。可是，她那一跳吓得母亲病入膏肓，父亲一夜白头。

得知这个消息的时候，我真想骂她：你凭什么跳楼，一个男人值得你要死不活的吗？自私一点说，生命是你的，可是跳楼后，你那年迈的父母当何去何从，你要他们白发人送黑发人吗？

一次失恋就足以把自己的命给豁出去，那结婚后倘若丈夫出轨，你是不是会操刀砍老公呢？

就算真的失恋了，跳楼又有何用？你别以为跳楼就说明你可以为那个人做任何事，他也会因此而回心转意——你的举动只会让对方相信离开你是明智之举，因为没人会跟一个轻视生命的人复合，那他每天将会活在提心吊胆之中。

你也不要认为失去他自己就没有生的希望了，因为那么多年你都活过来了，为什么没有他的时候你不去跳楼呢？

大二那年我去献血，医生说我的心跳不正常，让我去医院检查一下。血没献成，倒把自己弄得心烦意乱。

我当即跑到校医院做检查，医生当时是这样跟我说的："既然医生都说有问题了，那你就到安医二院去做个彩超看看吧，毕竟努力这么多年上了大学，要是心脏真的出了问题，一切不都毁了吗？"

听完后，我连忙开了转诊手续，立即打车到了安医二院，挂号、排队候诊，每一秒心里都是焦虑的。那时候我告诉自己，只要心脏没问题，其他事情都不重要。

我很能理解生命对一个人的意义，尤其在面临生死的时候，你才会更加懂得那种感受，那一次我真真切切地体会到了。

经检查，我的心脏没问题，是由于那段时间每天我开始跑步，造成了心跳不规律。当时我哭笑不得，如果心脏真有问题，那这么多年来我怎么没察觉到呢？

走出医院，看着人来人往的街道，我有一种重生的感觉，因为健康比什么都重要。

三

那些高考失利或情场失意的人选择了跳楼，我同情他们，但更觉得那是懦弱的表现。

高考难道真的就是人生唯一的出路吗？当然不是。

情场上只有那一个人你才会爱吗？我相信当时的你是这么想的，可是你为何不尝试转身，看看更多的人，做更好的选择呢？

电影《闻香识女人》中有这样一句台词：“有一度，我还看得见，我见过很多很多更年轻的男孩，臂膀被扭，腿被炸断，那些都不及丑陋的灵魂可怕，灵魂不可能有义肢。”

一个人高考失利、情场失意就足以豁出性命，那么，这样一个脆弱的人，他所谓的“灵魂”是不是让人觉得后怕呢？就算高考胜利了那又怎样，人生的大风大浪不可胜数，难道每遇到一次挫折就要跳一次楼吗？

不要拿什么压力大了无法释放说事儿，也不要说爱到深处无可选择，这些都是堂而皇之的借口。因为失利，你更要勇敢地站起来，用最好的方式去证明自己；因为失恋，你更要活出最好的姿态。

选择跳楼无疑是懦夫的行径，更是自私的举止。因为，一个人活得太顺利了，认为每一步都该一帆风顺，生活太美好，就会无法面对突如其来的暴风雨。

我想起那些双腿截肢却振臂起舞的人，那些双目失明仍旧不忘学习的人，那些失去亲人却仍旧坚强活着的人……跟他们比起来，你的高考失利、情场失意算得上什么？

不要说你付出了那么多却没有得到回报，如果一开始你就抱以努力必有收获的心态，那就不要去努力了。高考之所以公平，就在于它从来不会承诺——它不承诺只要努力了你就能考上好大学，所以它不需要对你的失败负责。

考上大学了也许就能有一个更宽阔的眼界，活出另一种人生格局；但若考不上大学，同样可以活出不一样的人生，因为这个社会没有绝对的事情。

人生真正的酸甜苦辣你都不曾知晓，何必寻死觅活？要知道，失利者不计其数，失恋者比比皆是。你一跳解千愁，除了给家人留下悲痛，不会青史留名，毕竟没人会记住一个不尊重生命的懦弱之人。

3. 能自己做得了的事情，就别去欠人情

> 对那些一开始伸出援手就想着回报的人，你尽可能不要接受，日后你真不知道自己将会面临什么样的无理请求呢。

一

梅梅是重庆姑娘，她的家境不是很好，她是家里唯一考上大学的孩子，所以，她总觉得自己身上肩负着整个家庭的使命。每天她都拼命工作，每个任务都能准时完成，她把时间融进了每一个需要努力的地方。

我一直以为要做到这样，肯定得花不少精力在上面。

有一个周末，我到街上购物，临回家前在步行街的一家韩式餐馆里吃饭，没想到在那里遇到了梅梅。看她穿着工作服走到我面前时，我竟以为自己看错了，直到她叫出我的名字，我才确信那真的是她。

她在餐馆兼职，我们相互打了声招呼。

周一上班时，我依旧看到她在自己的位置上全神贯注地

工作着，把手里的任务一丝不苟地完成了。下午下班后，我跟她一起走出公司，她主动说起自己在韩国餐馆兼职的事。那时候我才知道，她不仅周末在餐馆当临时工，每周还有三个晚上会到一家家教公司做英语辅导。

“为什么要这么拼呢，不累吗？”

她笑了笑，说：“家里欠了债，父母没能力还，我只好多打几份工了。”

她这样努力地工作，不是为了买房买车去过更好的生活，而是还债。我的内心突然闪过了一丝悲凉，在这繁华的都市中，有多少人在这样拼搏呢？

梅梅说，当年舅舅是个包工头，他少说也有几十万元的存款，对于当时他资助自己上大学，她是万分感激的。可后来舅舅不知怎么就染上了赌瘾，从此一发不可收拾，家业全部输得精光，连县城的房子也卖了去还赌债。

但舅舅并未收手，舅妈在看不到希望的日子里最终绝望地选择了离婚。利欲熏心的舅舅一心想要将输掉的钱赢回来，把工人的工资都拿到赌桌上去了，最后还是赔了夫人又折兵。

工人三天两头跑来要工资，舅舅无奈，只得四处躲避，他的日子过得狼狈不堪。这时候，他跑到梅梅母亲面前哭诉那些年他帮助梅梅上大学的事情。尽管那些钱早已还清了，可人情总还欠着。

梅梅的父母瞒着她到银行贷款给舅舅，知道这件事后她崩溃了——舅舅的赌债就是个无底洞，谁也没法替他还。但泼出去的水不可能收回来，贷款也不可能指望他来还了。

好不容易帮舅舅摆脱了债务，这时候又背上一个大包袱，对一个农村家庭来说，几万元并不是小数目。因为父母没有稳定的收入，她只好身兼多职挣钱。

“可是，钱你借了，人情怎么还呢？”我问她。

“人情真的太难还了。如今，我们借给舅舅的钱是他曾经借给我们的好几倍，可是人情好像怎么都还不了。”梅梅叹了口气。

对此，我深有体会，人情是无形的，抽象而不具体，你无法用金钱等物质条件去加以衡量，更不可能去为它设一个标准。所以说，只要你欠下了人情，就真的很难还清。

二

毕业两年后，朋友老孔准备买车，按他的存款来说，付一半车款是完全没问题的，但剩下的一半要是分期付的话，就得多花一两万元的利息。为了省下这笔利息，他就跟亲戚们开口借钱全款买下了车。

有了车就是方便，但是，方便的背后也给老孔带来了很多麻烦——那些借钱给他买车的亲戚，无论去哪儿总会打电话让他去接送。

最初，老孔偶尔也会抽出时间去接送，毕竟借了他们的钱嘛。可开了这个头，他们就一发不可收拾了，经常给他打电话，而且次数越来越多——无论远近，从来不会给他加一次油。

时间久了，老孔也开始厌烦，可知道自己欠了他们人情，也不好意思拒绝。所以，在上班的时候他就会推托，可有些亲戚直接说把车借给他们自己去开。

有一次，他的表弟把车开出去跟一帮朋友喝酒，不知怎么车门处擦了一条长长的痕迹，还被交警查到酒驾，一来二去，表弟的驾照被扣了分不说，自己修车还花了两千多元。

为此，女朋友常常抱怨他，说那车简直不是他买的，而是给那些亲戚买的。后来，他直接拒绝了亲戚三天两头的召唤，有时间就亲自去接送，没时间去也不借车。这时，很多亲戚又都在背后说他忘恩负义。

三

诚然，这个世界没人必须要帮你，也不是所有帮你的人都会不求回报，而你一旦欠下人情，那么，你犹如陷入泥潭，很难摆脱。

“天上不会掉馅饼”“天下没有免费的午餐”，这些都不是虚言，你所捡到的便宜和欠下的债，迟早要成倍奉还。这个世界是公平的，你不还，别人就会觉得不公平，毕竟无私奉献的人已经越来越少了。

能自己做的事情就自己去做，能打车就别麻烦别人开车接送，能贷款就别省利息，能接孩子就自己接，能出门就亲自跑一趟。一旦欠下了人情，就像给自己绑了根绳子。

不想别人找自己麻烦，自己也要少给别人添麻烦，自己能办好的事又何必找别人呢？对那些一开始伸出援手就想着回报的人，你尽可能不要接受，日后真不知道自己将会面临什么样的无理请求呢。

4. 你的付出，何止是为自己

其实，生活就是这样一个过程，你想要的东西可能在自己看来是遥不可及的，不过，当你一直努力朝那个方向前进的时候，一切可能就变得有希望了。

一

IT 男波兄为人真诚，乐于助人，是个毅力顽强的 man。

半年前，他在省城买了房子，还把父母接到了身边。那套八十平方米的房子不算大，但满满的都是幸福。

波兄生在农村，家境窘迫的他一度差点中途辍学。他的父母没什么文化，不过都明白知识的重要性，为了让他走出大山，他们硬着头皮借钱支撑他念完了大学。毕业后，他有幸在省城谋得了一份薪水不错的工作。

在买房之前，波兄也是一个租客，我跟他就是合租时认识的。当时，我在一家房地产公司实习，上班地点离学校太远，索性就在公司附近租房子。而波兄已经工作一年了，为了攒买房的首付，他一直都在跟人合租。

那时候，我白天带着客户看房，晚上就在出租屋里写稿，有时精神好就写到凌晨一两点，太累的话，十一二点就睡了。不过，每次我入睡的时候，都会听到波兄敲键盘的声音，我知道每晚他到很晚才睡。

熬夜，是我们生活的常态。

作为一名实习生，我的工作必须异常小心，领导交代的任务我不仅要按时完成，而且要尽可能做到完美。有时候数据报表不会做了，我就端着笔记本电脑跑到波兄的房间去请教。他很忙，但每次都会耐心地指点我。

有一天晚上，我蹲在客厅里整理客户资料，波兄提着一大袋食物回来，冲我笑着说："就知道你没睡，来吧，吃东西。"

那天，波兄涨工资了，他异常高兴，跟朋友聚会结束回来时还不忘给我这个室友带些食物。当时我很疑惑，问他为什么薪水都这么高了，却还要这么拼呢？

他笑了笑说：“现在的好只属于我一个人，而我的努力是要让父母过得好一点。”

二

波兄五岁时因为调皮从树上摔了下来，伤得特别严重，当时足足花了几万元的医药费。那时候，几万元对他那样的家庭来说真不是小数目，所以家里从那时候开始就负债累累了。

波兄还有两个姐姐，上到初中时她们就主动辍学，因为父母当时已经无能为力了。

看到姐姐相继辍学，波兄心里也不是滋味，于是他跟父母提了自己也想辍学的事，不过父母跟姐姐都坚决反对，因为她们辍学为的就是让他能够好好地完成学业。所以，在校期间他都非常努力，从来不会轻易懈怠。

后来，上完大学开始工作，他终于明白学真的没白上。可自己混好了，总不能让父母一直过得那么辛苦吧。

他努力工作，希望能够挣更多的钱在这个城市安家，把在农村生活了大半辈子的父母接到身边来享福。作为IT男，他深知在大学里学到的知识是远远不够的，每天都在自学。

我曾在他的房间里看过他学习用的书，那都是与他的工作和专业相关的，每一本书都被他翻烂了。一开始，我还以为那些书都是他在二手书店里淘的，细看才知每一本书上都有他做的笔记。

说来很惭愧，我也看了不少的书，可从来没有像他这样认真过。

不上班的时候，我邀他出去玩，他很少会答应。不过，朋友有事的时候，他总会义不容辞地第一时间赶到。所以，白天他出去花掉的时间，晚上回来他就会把该做的事情补回来。

有一天晚上，我写完稿睡下后，迷迷糊糊听见他洗漱的声音，我以为天亮了，拿起手机一看，居然是凌晨四点多。

我本以为自己已经很努力了，可是他比我还要努力。

我理解波兄的想法，生活是很辛苦，可细细想来，什么生活不辛苦呢?

波兄的坚持和努力没有白费，虽然说他只有本科学历，可他的工资以及工作能力并不比那些研究生差，甚至比很多研究生还要强。他说，脚踏实地地努力干，才会得到自己想要的结果。

三

其实，生活就是这样一个过程，你想要的东西可能在自己看来是遥不可及的，不过，当你一直努力朝那个方向前进的时候，一切可能就变得有希望了——只要你再接再厉，你认为不可能的事情或许真的就成为可能的了。

就像我一开始写作时无人问津一样，我怀疑过自己的坚持是不是错了，可就算看不到结果，我依然告诉自己要去记录生活，要努力写作。那时候，我真的有一种拨云见日的感觉，那是一开始想都不敢想的事情。

波兄买房的时候，我们差不多有两年没见了，但看到他在朋友圈发了自己装修后的新房照片时，我能够想象他心中的喜悦。

我想，在把父母接到身边的时候，他的心里应该比任何时候都高兴——毕竟这么多年的努力没有白费，而能让父母过上好日子，不就是这些年努力拼搏的意义吗?

接下来，波兄可能要考虑自己的终身大事了吧。

5. 你所选择的安逸，是自己不想改变的现状

成功不会亲自送上门来，你要想获得，只能靠自己。

一

以前看《中国好声音》的时候，我发现汪峰总是会问选手这样一个问题：你的梦想是什么？

我身边有这样一群人，他们年轻，但从不谈梦想。二十岁的时候，我总以为年轻就该充满激情，能够有一种勇攀高峰的热血，有一种从骨子里透出的不服输的态度，懂得如何争取和去做自己想做的事情。

后来，我问他们："为什么不改变一下呢？难道你真的没有梦想吗？"

然后，我听到了很多不同的回答：

"别搞得跟汪峰似的，开口闭口都离不开'梦想'两个字。"

"梦想是什么，能当饭吃吗？"

“我现在挺好的，虽然工资不高但很稳定。梦想太遥远了，不敢想。”

“多大年纪了呀，还提梦想？”

“你应该想想怎么吃饭，而不是谈梦想。”

……

他们的话听起来没什么毛病，也不无道理。千万人之中，总会有那么一些人喜欢既定的环境，总是安心于当下的状态中，日复一日地生活着。他们唯恐颠沛流离，不愿意再去闯荡。

但也有这样一群人，他们努力改变着现实，但似乎脱离了实际，最后以失败告终的人不在少数。

我们经常说要不断寻找，不断试错，不断在失败的基础上赢得成功。所以，努力如果不建立在脚踏实地的基础上，终究还是难逃失败的结局。

我看过这样一个故事：从前，有两个饥饿的人得到了一位长者恩赐的一根渔竿和一篓鱼。其中，一个人要了那篓鱼，另一个人要了那根渔竿，然后他们分道扬镳了。

得到鱼的人，就在原地用干柴点起篝火煮起了鱼。煮熟后，他狼吞虎咽，转瞬间连鱼带汤就吃了个精光。但过了几天，他便饿死在了空空的鱼篓旁。

另一个人则提着渔竿继续忍饥挨饿，一步步艰难地向海边走去，可他刚看到不远处那片蔚蓝色的大海时，浑身的最后一点力气也使完了，他只能眼巴巴地带着无尽的遗憾撒手人寰。

还有两个饥饿的人，他们同样得到了长者恩赐的一根渔竿和一篓鱼。只不过，他们并没有各奔东西，而是商定共同去寻找大海。他俩每次只煮一条鱼吃，以保证生存。经过遥远的跋涉，他们来到了海边。

从此，两人开始了捕鱼为生的日子。几年后，他们盖了房子，各自有了家庭、子女，有了渔船，过上了幸福安康的生活。

从这个故事中我们不难看出，前两个人中，选了一篓鱼的那个人如果有梦想，而不是坐吃山空，那么他不可能会死去。而获得渔竿的那个人，如果他能够脚踏实地，而不是只想着大海，那么，他也不会在看见大海时死去。

所以，梦想固然重要，还要结合实际。当然，你也不能因为眼前的小利而放弃更加长远的目标，那样可能会错失良机。这个故事还告诉我们，人还应该懂得利用资源。

二

话题回到前文所说的梦想。

我记得大学还没毕业之前，很多人都对未来充满了期待，不少人向往着北上广深一线大城市。可大四那年秋招开始的时候，很多人都向现实妥协了，他们不再想去北上广深了，更只字不提曾经的豪言壮语。

很多人觉得，眼下能够找到一份工作就可以了，有人说："这样的人生也挺好的，不一定非得去北上广深。"

话虽然在理，但有时候你所选择的稳定和安逸，只不过是自己无力改变现实而已——现实对你步步紧逼，你只能一次又一次地选择妥协。你不敢轻易迈开脚步，不是你没有足够的能力，而是害怕自己踏出去后找不到立足之地。

但是，我们不得不承认这样一个事实，北上广深机会虽多，每座城市里的人才也是不计其数，太多的人在其中来来去去，无数人满怀着期待而去，失望而归的人也不在少数。

不止你会害怕未来，我曾经也是——

你会害怕住那种阴暗潮湿的地下室，畏惧每天天还未亮就起床赶公交的日子，难以适应快节奏的生活，努力很久依然没有升职，拼尽全力完成了工作却总是得不到肯定，熬了好几个夜晚做成的策划被领导一句话就否定……

但是，请相信，不管任何时候只要你相信自己，抱着坚定的信念，那么，终有一天你会找到自己的容身之处。我想，不管多少人逃离了北上广深，只要你身怀绝技，总会有平台让你大展拳脚。

弱者在逆境中会一蹶不振，而强者在逆境中会越挫越勇。那些嘲笑与埋怨，你要将之化为前进路上的原动力。一个人能否在某个地方长久地站稳脚跟，终究要靠的不是别人，而是自己。

三

我特别喜欢奥斯特洛夫斯基说过的一句话："生活赋予我们一种巨大的和无限高贵的礼品，这就是青春：充满着力量，充满着期待志愿，充满着求知和斗争的志向，充满着希望信心和青春。"

我们正值青春年华，为什么要被现实束缚呢？成大事者在面对选择时总是果断的，他们不会与机会失之交臂。

年轻就是机会，但每个人只有一次，所以我们要在这仅有一次的机会里活出该有的姿态，用年轻的资本为自己创造更多的价值。不要害怕自己最后会一无所有，我们本身就一无所有，何必害怕结果呢？

在有资本去闯荡的年纪里，却把自己放在了温床之中，那是怯懦，也是沉溺。生活的美好就在于此，它把机会放在了我们面前，勇敢的人选择并努力把那条路走了下去，最后收获了芬芳。

而错失良机的人，只会站在机会的这一头眼巴巴地看着那一头，但他们在给别人鼓掌的时候就会悔不当初。所以，成功的人往往只有那么一小部分，绝大多数人因为没有破釜沉舟的勇气而失败了。

我不是夸大决心和勇气，或许我们所处的环境不同，做选择时并不会如同说起来这么容易。我们会面临很多因素，需要自己好好考虑，只是我们必须学会取舍才能不被束缚。

当初，马云带着团队在家创业，如果那时候他犹豫不决，没有强大的决心和毅力，那如今我们可能就看不到阿里巴巴了。所以，你有决心和勇气，这本身就是一种能力。

成功和梦想不会亲自送上门来，你要想获得，只能靠自己。当然，你也别轻易把眼前的机遇拱手让人，你得破釜沉舟地为自己争取一次，那也算是给自己一个交代——就算失败了，你也不丢人。

6. 你要让自己活得快乐些

你虽然不能保证自己时时刻刻都处在快乐之中，但至少要活得洒脱一点。

一

我常常听到别人说，有时候累得想放弃现在的生活。

每次听到这样的话，我都觉得奇怪，谁不是在摸爬滚打，谁又比谁过得容易呢？这样轻言放弃，到底是累到了什么程度呢？

我有一位朋友 W 在中学当老师，经常见他在朋友圈里抱怨学校生活，不是这个老师找他麻烦，就是那个老师跟他有过节——他总感觉自己在那所学校里已经四面树敌，每天生活在水深火热之中。

有一次，我问他为什么好像跟每个人都有仇一样，他说："他们总是好大喜功，天还没亮就跑到学校陪学生早读。有时候本来轮到我的语文课早读，他们还是让学生看自己任课的科目，难道我的语文课早读就不管了？"

那次聊天，十句中有九句他都在抱怨身边的人，或者是对一些小事斤斤计较。聊到最后，我都无法接他的话茬儿了。

有些人之所以觉得自己活得很累，是因为觉得什么事情都是他人在针对自己，计较越多就越累，如果这样事事都要拿来往自己身上想，能不累吗？倘若你能放弃一些东西，生活或许就截然不同了。

不久后，W 辞职了，原因是他跟英语老师打了一架。起因并不复杂，英语老师每天都早早到学校监督学生早读，那天早上本来是语文课早读，英语老师依旧让学生读英语，结果被早起赶到学校的 W 撞见了。

因为这件事，W 在教室里跟英语老师争论了起来，回到办公室后，竟演变为肢体冲突。最终，他被领导批评了一顿。他感觉人人都在挤对自己，抱着此处不留爷，自有留爷处的心态辞职了。

有一次，我们在县城遇到，在一家饭馆里吃饭时，W又提起了那件事。他说："要不是那个英语老师，我也不会在圈子里落下不好的名声。"

我说："其实，仔细一想也没什么大不了的，同为教育工作者，你们兢兢业业地工作都是为了让学生学有所成，考上理想的学校。如果以你的想法，你们所做的不是在为学生，而是为自己的利益，我不知道这是学生的幸运还是不幸。"

W沉默了。那次一别后，我们就没再见过，后来只知道他在一家私立学校当老师。不过，他好像换了个人似的，在朋友圈里不再发怨言，更多的是跟老师和同学的合影。此外，他也会早早地赶到学校监督学生早读。

有一次聊天时他对我说："其实，辛苦一点也没关系，只要获得的是快乐，就值得。"

是的，只要自己快乐了，辛苦一点又何妨?

如果你处处斤斤计较，目光就会变得狭隘起来，而自己想要的快乐恐怕也会很难获得。有时候不是我们过得不快乐，而是计较得太多，所以心里也就容不下快乐。

我说这个故事，并不是说一个人只要不去计较就能快乐，但我能肯定的是，一个总喜欢计较的人，快乐不会常伴左右。

亦舒说：“我每天快乐的时间加起来有三十分钟，已经是奇迹了。”

这句话听起来可能有些夸张，但细细想来也不无道理。有时候，前一秒钟我们非常愉悦，下一秒种会突然泛出伤感。我想，每个人都有过这种喜极而泣，悲从中来的感受。

二

小美是个极为感性的姑娘，记得有一次我们几个朋友聚会，大家在饭桌上聊起了各自的往事，发小老孔当着大家的面不断说着我们小时候的糗事，大家被逗得前仰后合地笑着。

就在大家笑得合不拢嘴的时候，我看到小美捂着鼻子哭了起来，然后起身匆匆走出了包间。所有人的笑戛然而止，大家都被小美的举动弄得一脸疑惑，气氛有些尴尬。

我忙站起来，追了出去。

我问小美为何会在这时候哭泣，她道出了原因：她来自河南的农村，父母常年在外务工，自小她就被留在家里与年迈的爷爷奶奶生活。在她的记忆里，父母很少回家，有时候就连过年也不回。她没有一个快乐的童年，每天不是跟小朋友成群结队地玩耍，而是陪着爷爷奶奶下地干活。

“我不是因为干活才觉得痛苦，相反，天天跟爷爷奶奶在一起我是开心的。”她抹着泪说。

后来，爷爷突然病倒了，奶奶和她手足无措，直到一个晚上，她们看着早晨还有说有笑的爷爷离开了人世。可是，爷爷安葬一个多月后，奶奶也病危了，每天躺在床上吃不下喝不下，没过多久也走了。

“爷爷奶奶相继离开，那段日子我好像突然长大了。”她叹了口气说。

从那以后，她每天生活在对爷爷奶奶的思念里。在任何场合，有时候突然想起他们，她都无法控制自己的眼泪。

我完全能够理解小美的悲痛，因为她的童年是爷爷奶奶陪着度过的。所以，小美不是不懂得快乐，而是因为心里的悲痛太深了，至今无法平复。

三

一个人可以不快乐，但不可以不直面痛苦，有些痛苦会随着时光的流逝淡去，而不是依旧存在。我们并不是要忘记过去，只是无论过去是什么样，未来我们还是要好好活着。

生活中总会有无数事情让我们不高兴，比如被别人无意冒犯，逛街时手机被盗，上班时被老板批评，错过了早班车，等等。可我们总不能因为这些事情而忘记快乐，也只有更快乐的生活才更有味道。

心情是自己的，任何影响心情的因素都是外界的。你虽然不能保证自己时时刻刻都处在快乐之中，但至少要活得洒脱一点——不要整日陷在抱怨、愤怒、痛苦的情绪里无法自拔。

生活不会尽如人意，你总得学会忘记某些不必要的东西，让自己变得更快乐些。

7. 你只知道抱怨，所以一无所获

生活不会因为你的抱怨而迁就于你，也没人愿意去了解一个只会抱怨的人。

一

前段时间，我陪朋友约见客户，在约定的餐馆等了将近一个小时对方还没有到。我催朋友给客户打电话，他说：“初次见面，不急，说不定人家真的有事。”

由于有点饿了，我就跟朋友各自点了一份甜点，可我们吃了不到两分钟，客户急匆匆地赶来了。刚一坐下，他就说：“这交通也真是差劲，堵不说，还遇到一车没素质的人。”

我跟朋友相视一笑，朋友忙给他倒了一杯水，说：“没事，下班高峰时段嘛，难免会堵。”

他好像并没有消停的意思，喝完水后，说道：“你们怎么开始吃起来了？嫌我慢了是吧？”他环视了一下餐馆的四周，回头看着朋友说，“我还是第一次见你们这么抠门的客户，就挑了这么个地儿？”

朋友马上赔笑道：“不好意思。”

整个过程，我没听到那客户因为迟到而说过一句抱歉——我们等了他一个小时，他只字未提，而是在抱怨交通堵，还说别人素质差。

当时，我真想将杯子里的水泼到他脸上。说实在的，都是三十几岁的大叔了，干了这么多年还在为小业务四处奔波，想必也是没什么成就。

交通堵，你为什么不换条路线呢？

别人没素质，你有素质吗？

餐馆档次低，你也不见得档次有多高啊！

不久后，跟我朋友谈合作的不再是他，而是换了另一个人。理由是，他谈崩了好几单生意，公司实在不敢让他再跑业务了，就把他调到了后勤部门。

一个人只会抱怨眼前的一切，而不知道改变或是试图去理解现状，一味发泄自己的臭脾气，加上到了那样的年龄，是很难在工作上再有所建树的。

二

我有一位表舅，他从贵大毕业至今已十年有余，还没正经干过一份超过一年的工作。两年前，他失业在家，四处借钱在县城开了家服装店。

毕业那年，表舅在县城的中学教书，但工作不到两个月，他就跟领导闹矛盾辞职回家了。他的理由是：学校的工作环境他一直没办法融入，加之住宿条件较差，他无法实现自己远大的抱负。

在当年，毕业就能够在县城的中学当老师是很多人求之不得的事情，而表舅却把到嘴的肥肉给弄丢了，然后开始抱怨生活把自己逼入了死胡同，最终未能事业有成。

后来，他又回到了贵阳，辗转一个月后在一家房地产公司做起了销售。起初，房租和生活费用都是家里补贴他，即使这样，家人还是挺高兴的——只要他能够稳定下来，生活总会有所改变。

然而，好像他每到一个地方意外就会到来。工作不到三个月，他就跟客户大打出手，还因此在派出所里待了半个月。

工作没能干长久，更别说挣钱了。家人赶到贵阳，为他打人的事情赔礼道歉，完事还掏了一笔数额不小的赔偿费。

当时，家人没指责他，他却激动起来了，说是客户联系了他四五次都放自己的鸽子，见面后看了四五套房子最终仍旧不满意——如果仅仅是这样倒也没关系，关键是客户还让他准备好十套房子的信息以供等待通知，随时挑选。

他说，遇到这样无理取闹的客户自己打心里就来气，争辩几句之后，就跟客户干了起来，最后将客户打伤了。

公司丢了一位客户不说，他还跑到售楼部找总监理论，不是责怪销售思路有问题，就是管理有问题，最后激动得差点连总监也打了。

家人跟客户道歉、赔钱后，又跑到售楼部给总监道了歉。从未在人前低声下气过的父母，为他简直操碎了心。所以，家人都在疑惑一个问题：他这大学难道白上了吗？争气的事情没做几件，丢脸的事情倒是做了不少。

销售这份工作干不下去了，可已经交了一年的房租，无奈之下他又开始四处找工作。这次运气比较好，一个星期后他就找到了一份卖保险的工作。

对销售专业出身的他来说，只要了解一下相关知识，推销保险也不会有太大的问题。可是，他好像有了惯性，工作两个月后就辞职不干了，说保险行业水太深，工作压力大，同事也不友好，跑了很多地方依旧没业绩。

家人无可奈何，只能让他回老家的城市，总不能让他一直在外面无所事事下去吧。

家人开始替他操心起了终身大事来，眼看他就快三十岁了，所以希望他能早日成家——有了压力也好让他自觉地稳定下来。于是，家人十里八乡地四处打听，一有时间就给他安排相亲。

但是，相亲约见回来后，他就开始抱怨——不是说人家长得胖，就是长得矮；不是说人家素质低，就是没文化。总之，他见一个人就有一个理由去拒绝，所以至今三十好几了依旧是单身。

他不准备找工作了，就跟着家人做水果蔬菜批发生意，经常开着大货车从贵州跑到广西或者广东等地拉货，这样一晃就几年过去了。后来，他又开过餐馆，不过生意惨淡，几年后就转手了。

现在，他四处借钱在县城开了一家服装店。一听到这个消息，我就有一种不祥的预感——做这生意他可能会失败，毕竟这么多年来的行为实在让人很难相信他能够赚到钱。

三

一个人如果在该奋斗的年纪把精力放在抱怨周围的一切上面，那是很难打破现状的。任何事情如果只停留在抱怨上，而不试图去改变，那也只是在原地踏步。我们不要渴望任何事情一开始就会是自己想要的样子，钻戒都需打磨呢，何况是人生？

生活不会因为你的抱怨而迁就于你，也没人愿意去了解一个只会抱怨的人。此时，我们更应该强化自己的认知，去看清一件事情长远的未来，如果前途光明，那么就算眼前黑暗也要挺起胸膛熬过去。

在合适的时候，你总该拿出自己的态度去做成、做好一件事情。不管做什么事情，在之前你都要深思熟虑，切莫一开始就抱怨一切——很多事情总要经历一个过程才会成为自己想要的模样，而你的耐心终将成为自己制胜的法宝。

8. 自信可以，别自命不凡

活出鹤立鸡群的心态也没错，但没有鹤的资本，就不要以鹤自居了。

一

我在网上认识了一个女孩，因为都爱好写作彼此就聊了几句。就在我快要说下次再聊的时候，屏幕上突然出现一句话：“我觉得你会喜欢我！”

这突如其来的话让我猝不及防，便问她原因。她说：“因为跟我聊天的男生都会喜欢我，而且会追我。”

我说：“这么自信？”

她说：“我很自信。因为我集才华和美貌于一身，大家都会喜欢我！”

我第一次跟人聊天聊到无言以对，出于礼貌发了个表情就没再说话。我很难相信，两个人聊了几句就说喜欢对方了，倘若真是这样，那概率想必也是极低的，而更多的可能是出于生理上的冲动。

我总是会遇到这样居高临下的人，他们活在自己的世界里，自以为倾城倾国，自以为鹤立鸡群，自以为无所不能——事实上，这只是他们自我虚构出来的样子。

在一个朋友的作品交流群里，一个陌生女孩加了我，她的年龄跟我相差不大。第一次聊天，我没开口的机会，因为只能听她谈自己对世界的看法和价值观，对很多现象的不满，以及很多事情该怎么选择，怎么做。最后，她否决了那些与自己理念相背离的理念。

坦白来讲，我觉得每个人的价值观都可以理解，但你别认为自己的理念才是这个世界唯一正确的标准，也别认为他人对世界的看法总是一知半解。

过了一段时间，她又来找我聊天，这一次倒是跟我谈起了文学，从古代到现代，从中国到外国，听起来感觉她无所不知。

但了解文学的人仔细听她的话，便会察觉到她其实漏洞百出。作家、作品她能够列举，可是雨果的作品说成是海明威的了，巴金的作品说成是老舍的了……

我看她说得很尽兴，出于礼貌也就不好意思去打断她。后来，她给我推荐了自己写的文章，我快速浏览了一遍，并没看到什么特别之处。回头仔细看时，竟然发现其中的语病随处可见，连基本逻辑都有问题。

她说自己有几千粉丝，而我没看到她的文章有那么大的阅读量。在她的公众号里，她自称是青年作家。

我的内心很复杂，自己也在写作，但我深知“作家”这个词实在太过厚重，不是出版一本书就能算作家的。而在她的作品中，我发现大多话语句不通，只是在阐述价值观而已。这样一个人却把自己称为作家，我替“作家”二字感到悲哀。

做人，自信可以，但别自命不凡。你应该熟知，这个世界如同环形的圈子，你的圈子外面还有更大的世界——总有你看不到的地方，因为有太多足够优秀的人活得比你低调。

二

每个人都需要自信，因为自信可以给自己加分，也可以给自己带来好运。但如果自信过度了，那就是自负。

很多人都希望能在平凡里活出鹤立鸡群的姿态，这无可厚非，只是有些人在追求成功的路上自命不凡，逐渐迷失了自我，最终不仅未能活出自己想要的样子，反而忘记了曾经走过的路。

我认识一位长者，他是一家服装厂的厂长。每年，总部都会调不同的人到他们厂来工作，有很多人在他的手底下干活，来了又走，走了又来。

有一次，总部派来一名刚刚毕业的大学生，他除了有一张本科文凭，对服装厂的工作知之甚少。

厂长是一个俭朴的人，他的穿着跟普通员工无异，在接见这名大学生的时候，他也没有用那种居高临下的态度去与对方交流。

然而，大学生却对厂长不屑一顾——厂长助理带他去找住处的时候，他回头跟厂长说："作为一个厂长，我在你身上看不出来任何厂长的气质，做领导可不能这样。"

厂长微微一笑。这样的年轻人他见得多了，不过这是总部派来的人，他总得按步骤给予培养。

在接下来的工作中，厂长在很多地方都给了这名大学生关照，很多工作问题也会让他参加讨论。

有些人一旦感觉被重视，尾巴就会翘起来，这名大学生同样如此，每次开会他总是喧宾夺主，不懂市场行情却以个人经验来否定厂长的决定。

厂长原本打算好好培养这名大学生，可这样闹了几出后，很有耐心的厂长也对他无可奈何了。接下来的每次讨论会，厂长都不再让他参与了，而工作毫无起色的他未能完成总部的考核，最后只好主动离开。

三

以前做销售的时候，我经历过一件全公司都知道的事情——当时为了一个客户，整个销售部的人都做了很大的努力。

客户是一家私营企业老总，如果谈得通，那么，公司将会增长百分之二的销售额。

客户是个喜欢喝咖啡的人，约见那天，总监在公司里寻找懂咖啡的人，朱女士毛遂自荐，因为平日里她爱喝咖啡，多少懂一些。大家都知道这次任务的重要性，其他人也就没敢再接话。

可就在朱女士临出发的时候，李先生站了出来，他自信地说自己每天都喝咖啡，对咖啡也略知一二，而且，男人之间聊起工作来可能会更加顺畅些。

朱女士欣然接受了，毕竟这次任务不能有任何闪失，她不敢轻易去试险，最后领导决定让李先生去了。可下午的时候，客户打来电话说："这个单子以后再谈吧，找个会谈的人来。"

原来，李先生故作高深，跟客户聊天时三句中有两句说的都是速溶咖啡的牌子和味道的差别。他没品位还要装高雅，正题还没说呢，客户就迫不及待地起身离开了。

从此，李先生的大名在公司里传开了。

四

一个人说自己了解某种事物可以，但别自认为很在行，尤其在行家面前，不要装出一副道行很深的模样，那样别人会把你当作跳梁小丑，因为你是在关公面前耍大刀。

我们都是普通人，说实实在在的话，做力所能及的事，这样才不会让人觉得自己信口雌黄。

做人不可自卑，做事需要自信，但不可自命不凡，因为于千万人之中，我们只是那微小的一个。活出鹤立鸡群的心态没错，但没有鹤的资本，就不要以鹤自居了。

9. 其实你并没有那么强大的朋友圈

不要说你有多少朋友，关键时刻能够挺身而出的人，才值得自己去珍惜。

一

高中毕业后，小波上了一所职校，但就读两年后他退学回家了。靠着父母做生意有些积蓄，家里有两辆车，他总是在外面摆出一副大老板的姿态。

有一次，我们几个朋友聚会，酒逢知己千杯少，大家难免有点喝高了。那一晚，小波喝醉了，他大声说起自己的风流往事。或许他以为我们都会觉得他很牛，恰恰相反，我们只当他是酒后胡言乱语。

后来，每次有朋友再叫来新朋友聚会，小波就会询问别人的年龄、工作、兴趣爱好等——在此基础上，他便开始长篇大论，指导别人的人生。他总是故作高深，但在别人心里，实则也就那么回事儿。

我们并不喜欢小波的聊天方式，毕竟大家都是朋友，没必要那么挑刺，更何况每个人的人生都得自己走，你不是别人，怎能知道他所走的路是好是坏呢？

有一次在朋友的生日聚会上，小波又开始高谈阔论起来，一开始他讲述了自己的“英雄”历史，随后就指导上他人了。

一个我不太熟悉的人打断了小波的话，说：“我见过比你牛的人多了，可就是没见过你这种太会装的人，你谈什么都是一副牛哄哄的样子，可我也没看到你做出什么成绩——除了你爸妈给你的，你有什么？”

“你什么意思？”小波听后，愤愤地起身拉开椅子准备打人，还好被我们给拉住了。

“我朋友遍天下，你算老几？”他还是一副居高临下的样子。

坦白说，我对小波这个人倒没什么看法，但就他的谈吐方式来说，我真不敢恭维。后来，他不指导别人的人生了，转而说起了自己的人生。比如，某个公司的老板跟他一起吃过饭，某个富二代是他大学时代的哥们儿，某个好兄弟要跟他合伙开饭店……

真巧，有一位朋友在做销售工作，他恰好跟小波说的那个老板有业务往来。朋友为了谈生意更加顺利，就想让小波为他联系一下，约时间吃顿饭。结果，小波说：“其实，我只是跟他吃过饭而已，他不认识我！”

朋友失望地叹息了一声。

半年后，小波说的饭店开业了，可是他并没有参股，因为他说的那个兄弟只不过跟他一起唱过歌而已。

二

大四那年，因为要找工作，很多人担心提早签约会失去好机会，于是在一开始就错失了很多好机会。不过，很多人都走得稳，只要工作地点、环境以及待遇、福利不错也就可以签约了。

那时候，所有人都忙于参加企业宣讲会、笔试、面试等，为了能找到一份称心如意的工作，每个人都像备战高考那般用心。

不过，陈茵与众不同，她说自己不必参加各种笔试、面试，因为她在苏宁、万达以及海尔等企业里都有朋友，到时想去哪里就去哪里。

我们每天都在提心吊胆中煎熬，收到短信时心跳都会加快，生怕又是被拒绝的消息。看着陈茵那么自信，我们除了羡慕，真的就只剩羡慕了。

后来，海尔来招聘，陈茵还是去参加了笔试，可是没通过，而我们专业的其他两名女生倒是得到了职位。对此，她说："这个职位不适合我，我不想去。"

苏宁也来招聘了，可是就连简历筛选那一关她都没过。对此，她又说："我觉得还是去万达好。"

但是，万达来招聘她同样没有得到任何职位。这一次，她不说话了。

最后，大家才知道，其实，她并没有那么多朋友，所谓的"朋友"，只不过是临时加的好友，每天准时给人点赞而已。也就是说，别人并不知道她是谁，只知道朋友圈里有个陌生的点赞狂人。

三

刚上大学的时候，我加入了很多 QQ 群，有新生群、社团群、爱好群、读书群等，不下二十个。每天都有人在各个群里闲聊，偶尔为了所谓的"存在感"，我也会跟别人说上几句。

通过加群去交友，当时我以为是一个很好的途径，于是只要看到那些喜欢在群里讲话的人，我都会主动加为好友，并且固执地认为加了好友就是朋友。结果是，大学四年以来，很多人只是存在于自己的朋友列表里，我却从未跟他们说过一句话。

那时候我才明白，真正的朋友不是靠加好友交到的，也不是你有多少好友就会有多少朋友。很多时候，他们只是在你的朋友圈里点赞而已，除此之外，别无他用。

所以，我把那些从未聊过也不知道是谁的人都从好友列表里清除了。清除那些虚拟朋友之后，我也就不会为点赞而花大量时间去逛朋友圈，而是用更多的时间来经营身边真正的友情。

老洪是我从小一起长大的兄弟，他在深圳上班。有一次我途经广州，顺道赶到深圳去找他。晚上我们一起吃饭时，他从未那样动情地说："这辈子我酒肉朋友遍天下，好兄弟真没几个，你是最好的一个。"

我很感动，因为我跟他的想法一样。

每个人都有很多朋友，但是你真没必要走到哪里都说自己有多么牛的朋友，当你真正需要他们帮助的时候，他们未必会出现。真正的朋友也不是天天挂在嘴边的人，而是那些许久不见心里仍旧记着的人。

不要说你有多少朋友，关键时刻能够挺身而出的才值得自己去珍惜。这个世界能陪你狂欢的人数不胜数，但能陪你孤独的人少之又少。

你确定自己有那么多朋友吗？翻翻你的联系人列表，看看可以聊心事的有几个。

你没必要去经营那些眼高于天的人，就算你的这个朋友总是默默无语，但他在你需要的时候出现了，那就是你的贵人。

10. 把钱花在刀刃上

钱会在我们不随意花的时候逐渐积累下来，而在你真正需要花钱的时候自己就有钱可以支配了，不致因没钱而忧心，扰乱自己正常的生活。

一

最近，公司一同事要到新西兰去旅行，得知这个消息，同事们便把代购的希望寄托在了她身上。包包、化妆品、首饰、奶粉等，大家列了一个清单，吓得那位同事差点放弃了这次旅行决定。然而，小吴没有跟大家一样争先恐后地喊着要代购什么。

那天下班后，我在公司加班做第二天要用的一份文件。末了，我要走的时候，看到小吴一个人在茶水间的椅子上看书喝茶。

我走过去跟她聊了起来，就问她怎么不趁机找那位同事代购。

她笑了笑说：“人家好不容易跟男朋友出国旅行，我就不占用他们游玩的时间了，现在代购网站不是挺方便的嘛。而且，我觉得有些东西国内都有，没必要花那个钱，钱应该花在刀刃上。”

“钱应该花在刀刃上”，这句话深深地触动了我，因为与我们所处的环境有着密不可分的关系。

各种商品不断涌入了市场，我们看得眼花缭乱，有时候逛街看到某些物品，就算明知道没什么用也还是会买。但买回来后放在家里当摆设，占地方不说，钱也白花了。

二

一名大学室友想去看自己等了很久的一部美国大片，可学校附近的电影院每天都只有一场，而且还是VIP厅，价格比一般影院高出一倍。

室友犹豫了很久，最后看电影的欲望还是胜出了。可是，看完电影回来的那个晚上，他却被家人给批评了一顿——看一部电影就花了那么多钱，实在是不应该。

按理来说，他的父亲是做生意的，百十来块钱对他家来说根本不是什么事儿，可他还是被家人教育了一顿。

有一次，他跟我聊起他家的事，说他父亲来自农村，年轻时到城里打拼，三十多岁开始有了自己的生意，一路走来很不容易，也就知道钱该花在什么地方了。

起初，我认为他父亲分明就是抠门，不过，后来的一件事让大家都对他的家人刮目相看了。他父亲因为一直资助着十几名山区学生而广为人知，新闻记者在报道他父亲时，想顺便给他家宣传一下生意，但被他父亲拒绝了。

对于看一部电影，觉得价格过高都会是一种浪费的人，你真的很难想象他已经资助十几名山区学生上了大学。富有，或许不是因为多么会赚钱，而是懂得节约，时间长了也就能积累下财富。

以前，在文化公司上班的时候我认识了一名男孩，他的工资并不算高，但每个月工资一发下来，他就会疯狂购物。

新手机上市，他总会给自己换一部，原来的手机本来还能用，但他都会低价处理给手机店；能十块钱吃一顿的饭，他要花二十块钱；能早起赶公交车上班，他偏要晚起花更多的钱拼车。

每个月他都因为工资不够花而发愁，我曾问他既然自己的工资并没多少，为什么不能省一点呢？他非常认真地告诉我："挣钱就是拿来花的，该吃吃，该喝喝，何必想那么多呢？"

他的话听起来似乎不无道理，可事实并非如此。我们挣钱的确是为了生活，可并不是挣到多少钱就要当即全部花掉。有些人常说人生无常，当及时行乐，然而有太多重要的事情等着我们去做。

所以，在文化公司工作了两年，他没有存款，房租不够了偶尔还要跟周围的朋友借，谈女朋友到谈婚论嫁时因为没有买房的首付而不了了之。后来，他家出了点状况需要花钱，可他是“月光族”，也没办法接济家里。

再后来，他辞职了，我们几乎没再联系过，偶尔我会看到他在朋友圈里发自己的生活体会，也多是因为钱的问题。

我常常想，要是他一开始就懂得如何理财，而不是挥霍无度的话，那多少会有些存款的，也不至于在急用钱的时候拿不出分文。

三

初二开始，我上了一所私立中学，记得每个学期都要交一笔为数不少的学费。每次交学费，前一分钟还在父亲包里的钱就那样进了学校财务处，我就特别心疼。

有一次，交完学费，跟爸妈一起出来吃饭的时候，我跟父亲说自己不想上私立中学了，理由是学费实在太贵。父亲笑着说：“这是最应该花费的投资，只要你努力学习，这些钱花得就是对的。”

所以，每个学期我都很努力地学习，也是在那所私立中学里，我才逐渐养成了良好的学习习惯。不过，遗憾的是，中考时我没能考上重点高中。

现在想想，那些钱真的也不是白花了，毕竟自己在那里得到了很多意想不到的收获，更加懂得了努力的重要性。高中时，凭借初中时养成的学习习惯，我考上了大学，也算是没辜负家人的期望。

所以，钱花在真正需要的地方，不论过多久，那都不会是亏本的买卖。

四

如今，购物网站太多了，人们足不出户就可以买到自己想要的商品。每年的“双十一”，我们都会听到身边的人说自己存了好久的购物车终于清空了，简直已经不是一般的“剁手党”了。

网络时代给我们的生活带来了深远的影响，改变了我们的生活方式。当看到自己觉得不错的商品时，就会忍不住购买，因为网购时我们看不到钱从自己手里交到了他人手上，也就少了很多顾虑。

但这时候，我们往往缺少考虑，那就是买这个物品真的有用吗？能用多久？能不能用现在已有的物品去替代呢？这些我们很少会去想，于是就冲动消费，结果很多商品买来后成了摆设。

过后一想，其实我们完全没必要这样浪费钱，也不应该因为方便而买一些不必要的商品。所以，我们要学会控制自己，不要冲动购物，而应该把钱花在刀刃上。

有时候我们需要的不是商品，所以购买商品只是为了满足自己内心的欲望。

我们不要把冲动购物的原因归于如今便利的购物平台和购物方式，而要懂得理财，要明确自己每个月花费多少钱才不会超出预算。

钱会在我们不随意花的时候逐渐积累下来，而在你真正需要花钱的时候，自己就有钱可以支配了，不致因没钱而忧心，扰乱自己正常的生活——可持续的生活方式也该是这样，你把钱花在刀刃上，自己才会获得最大的效益。

第四章

生活哪有那么简单，所以只能拼命

不要抱怨生活处处刁难你，现实从来都不针对任何人，只是你不曾准备迎击一个个突如其来的意外而已。

1. 勤动手，你总不会饿着

你的懒惰会让自己沉迷于某种状态之中，并且无法察觉这样的状态或许会让自己这一生就此无所作为下去。

一

有一个年轻人在二十岁的时候，就因为没饭吃而饿死了。到了阎王面前，阎王从生死簿上查出，这个人一生应该有六十岁的年寿，会有一千两黄金的福报，他不应该这么年轻就饿死。

阎王心想："会不会是财神把这笔钱贪污了呢？"于是，他把财神叫过来质问。财神说："我看这个人命格里的文才不错，如果写文章，他一定会发达。所以，我把一千两黄金交给文曲星了。"

阎王又把文曲星叫来问话。

文曲星说："这个人虽然有文才，但是他生性好动，恐怕不能靠写文章发达。我看他武略也不错，如果走武行会有前途，所以就把一千两黄金交给武曲星了。”

阎王又把武曲星叫来问话。

武曲星说：“这个人虽然文才武略都不错，却非常懒，我怕他不论从文从武都不容易挣到一千两黄金，只好把黄金交给土地公了。”

阎王又把土地公叫来问话。

土地公说：“这个人实在太懒了，我怕他拿不到黄金，所以把黄金埋在他父亲从前耕种的田地里，从家门口出来，如果他肯挖一锄头就能挖到黄金。可惜他父亲死后，他从来没拿过锄头，所以就那样活活饿死了。”

最后，阎王认定这个年轻人饿死确实“活该”，然后把一千两黄金缴库了。

看完这个故事，你心里可能会想：人只要勤快，就不会饿死，所以不能偷懒。

二

每次说到“天道酬勤”的话题时，我总会想起母亲。母亲是闲不下来的人，就算没什么非做不可的事情，她也会找些来做做。

母亲姐弟六人，在她年幼的时候，一家六口的生活非常艰难。她小小年纪就跟着外公外婆下地干活，以便维持一家人的生计。她每天起早贪黑，没有对未来的任何憧憬，心里想的就是一口吃食。

可能就是那时候养成的习惯吧，母亲一直都活在忙碌之中，有时候几天没有事做，她就会坐立不安，变得心浮气躁。倘若手里有点活计，她就平静下来了。忙了大半生，她依旧不知疲倦。

以前我不会做饭，因为我觉得爸妈会做给我吃。有一次放假在家，母亲说要教我做饭，当时我一脸疑惑，问道："现在有那么多餐馆，饿了去吃不就行了吗？省得这么麻烦。"

母亲说："只要你会做饭，只要有食材，你就饿不着。"

有一次回家，爸妈都还在工作，我饿得前胸贴后背，无奈之下只能跑到附近的面馆吃了一碗牛肉面。那时候，我开始想，其实，父母是不可能随时随地都给我做饭吃的。

所以，从初中开始我就学着做饭，蛋炒饭、炒白菜、青椒炒肉、麻婆豆腐等简单的饭菜我都会做了。虽然一开始做的饭自己都吃不下，但做多了之后也就可以了。

能够自己做饭吃是一件很独立的事情，至少不用再依赖别人。后来，做饭真的就派上了用场。

大三那年，我们三个男生、四个女生跑到离市区三十多公里的工地去考察。那天正巧工地上不开伙食，老师也因为中途有事回了学校，留下我们几个人在荒山野岭中的工地上无所适从。

从早到晚，除了喝水，大家都没进食。工地负责人来邀请我们出去找饭馆吃饭，可我们是来考察和体验生活的，就婉拒了。

我们与负责人协商了一下，借了他们的厨房，用他们的食材亲自做了一份尖椒炒鸡蛋、一份土豆丝和一盆白菜汤，然后吃了个精光。

工地在大山深处，附近连个村子都没有。晚上，我们坐在工地上看夜空时，伙伴问我什么时候学会做饭的，我说："初中时我妈教我的。"

他们都不太相信，毕竟做饭这件事情并不难，但做出来的饭能不能吃才是关键。所以，那一次我更加体会到了母亲那句话的意思：不管在哪里，只要有食材，只要自己会做饭，你就一定不会饿着。

三

以前在老家上高中的时候，每个周末我到市里去买学习资料，都会看到一些趴在四轮小板车上乞讨的人，每次我总会给他们一两块钱。

直到有一次，我亲眼看到有个假的乞讨者被当场揭穿，拉着站了起来——原来他也不过三十几岁，而且腿脚都完好。当时我真的有些愤怒，因为他是在用别人的同情心来骗钱。

话说回来，那个被揭穿的骗子不仅年轻，而且身强体壮，为何就不能自食其力呢？这个社会不缺机会，只要不怕苦不怕累，无论走到哪里都饿不死。

我的大学老师说："从大学毕业了你都找不到工作的话，那我只能说你活该！"这可能有些自说自话的意思，但是事实——找不到工作在于自身的问题，跟学校无关。

那些上大学时每天奋斗不断提升个人能力的人，毕业后总能得到较好的工作。而那些三天打鱼两天晒网，懒懒散散度过大学四年的人，总会在求职中遇到各种挫折，有的人甚至连工作都找不到。

所以，那位老师说的话有一定的道理——只要你勤劳付出，你就有价值，而你的价值不管体现在哪些方面，总能让你衣食无忧。

四

蔡垒磊在《认知突围》里说："所有的懒惰、放纵、自制力不足，根源都在于认知能力受限。"

你的懒惰会让自己沉迷于某种状态之中，并且无法察觉这样的状态或许会让自己这一生就此无所作为下去。于是，随着岁月的流逝，你连绝地反击的机会都将失去。

年轻时你不该懒惰，而应该用最宝贵的时间去充实自己，努力融入更大的环境中——拥有了更大的格局，无形中你会逼迫自己奋力向前。

不难理解，那些生活在北上广的人，再苦再累，他们依旧能够坚持每天早起赶地铁、公交，即使加班加点忙到没周末，他们也依然不会轻言放弃。因为，在他们的认知里，只有努力，自己才会突破重围。

相反，在小地方的人就感受不到那种快节奏的模式，生活也就显得自在多了。而在清闲的环境中，人是会变得慵懒而无所追求的，或许你本身并不知道，因为你的潜意识不会暗示自己正处于激烈的竞争中——你不必努力，也无须努力就能够过好每一天的生活。

狼捕羊时，它们会在远远的地方看着羊群吃草。羊并不知道自己已经处在危机之中，只顾着饱餐一顿。等到吃饱以后，它们的警惕性也就更低了。这时候，狼群就会瞅着机会向羊群发起进攻。同时，羊因为吃得太饱而跑得比平时慢，于是大部分羊都死在了狼群的攻击之下。

所以，一个人在某种环境中缺乏危机感的时候，总会放松警惕。可生活是不可以重来的，一着不慎，满盘皆输——每一步，你都必须努力努力再努力。

你的慵懒，只是因为自己过得太清闲。

2. 让生活都为你骄傲

只要你遵从内心，把凌乱的日子理出头绪，那么，生活都会为你而骄傲。

一

我在义乌跟老徐见了一面，当时他已经是一家家具厂的销售负责人，日子不说过得多么好，但相比以往也算惬意。

我跟他是初中同学，高考那年他名落孙山，后来独自一人背着行囊踏上开往浙江的客车，从此开始了自己的职业生涯。

说来也是让人哭笑不得，这哥们儿虽然没有大学文凭，到浙江后硬是报名去应聘了很多要求本科学历的职位，结果可想而知。不过，他意志坚强，无论现实怎样都会苦苦撑着。

那会儿我正上大一。有次我在赶往回家的火车上时，他半夜给我打来电话说："我做不了建筑工人，也无法去跟别人竞争其他拼体力的活儿，我想我能够找到不一样的工作。"

我怀疑过他的想法，但也不好在那种情况下否定他，毕竟没有文凭却眼高手低，找工作的确困难。况且，在这个竞争如此激烈的社会里，有文凭且足够优秀的人才不计其数，就算天上真的会掉馅饼，也不可能掉在他的身上吧。

不过，事实证明我错了。

真正的实力不是一纸文凭可以决定的，而是你本身具有什么工作能力，以及能够给公司带来的价值——当你能够满足公司的需要时，公司就会向你敞开大门。

在很多地方失去机会的老徐，来到这家家具厂做起了销售员。一开始，他每天早早站在门口迎客，带着客人参观店里的家具，有时候热情的客人会对他笑脸相迎，而有些冷漠的人则对他视而不见。

但他用行动证明了自己，逐渐获得了很多客户的信任，领导也对他有了新的认识。最终，他凭借自己的努力做出了一番成绩。

文凭在找工作时无疑是一块儿敲门砖，它可以让我们少走弯路，甚至会得到更多的机会。但这并不是决定我们工作的好或坏与自己未来的唯一因素，因为想要决胜千里，还是得靠实力。

爱因斯坦说："只要你有一件合理的事去做，你的生活就会显得特别美好。"

我想说："只要你把自己想做的事情做好，生活都会为你感到骄傲。"

二

我在健身房健身的时候认识了林女士，她个子不高，身材很苗条，已是两个孩子的妈妈了。细聊之后才知道，她是一家企业的会计，每天都是朝九晚五，只有周末才来健身房进行锻炼。

我是个好奇心特别强的人，像她这样既要带两个孩子又要工作，还要照顾家庭的女人，怎么会有时间来健身——周末不是休息和收拾屋子的时间吗?

林女士说，自己每天花一点时间来整理屋子，周末就不用整天待在家里了；至于休息，每天做着自己喜欢的工作，把日子过得井井有条是不会觉得疲倦的，所以不需要刻意去休息。

我发现自己存在这样一个偏见，同时也说明我存在这方面的问题——我总以为周末就该拿来好好休息，或者打扫屋子之类的。听完林女士的话后，我才发现这样的想法浪费了自己的大把时间。

平时，每天我们只要花十分钟来整理屋子，周末就可以不用花一整天来打扫，这是极其划算的。而我之所以需要周末的时间来做这些琐碎的事情，究其原因，也就是自己懒。

我的高中班主任特别严厉，任何事情他都不会给人留面子。他说：“面子不是别人给的，是你自己挣的。”

当时，我们对此感到很无奈，更多的是对他这种雷厉风行的做事态度感到不满。这些年来，他的那句话我总算是领悟到了。

那时候，学校经常会检查卫生，每次临到检查时我们男生宿舍才会随便打扫一下。我们本以为自己的宿舍会是班级最差的，却不想有些女生宿舍比男生宿舍还糟糕。

尽管我们都不喜欢打扫，但看见班主任放在PPT里的照片时，我都觉得不忍直视。我并不是认为女生宿舍就一定要比男生宿舍干净整洁，只是那样的脏乱让人看着实在觉得有些别扭。

从那时候开始，我就告诉自己，可能自己不觉得每天生活的环境有多么脏乱，但别人看到后的感觉就不一样了。所以，后来我就养成了一个习惯，那就是每个周末都会打扫一下屋子。

然而，现在我觉得这又不是什么好的生活习惯，毕竟每天只需要花一点点时间就能把屋子收拾得干净整洁，干吗不去做呢？这样，在周末的时候，我只需泡一壶清茶坐在书房里看书。

这样的生活是井然有序的，也是极其有趣的——至少你不会在周末的时候都觉得特别忙碌，也就有安静平和的环境做自己喜欢的事情了。

三

在我的朋友当中，老徐不是最优秀的，但要说追求和毅力，他是独一无二的。他做出了让我们都觉得不可能的事情，打破了大多数人所认为的命运枷锁——敢于挑战不一样的工作，并做出了一番成绩。

如今，每个周末林女士依旧都会到健身房锻炼两小时，看着她的生活过得如此洒脱，随性，我感慨万分：有多少年轻妈妈每天不是柴米油盐，就是洗衣做饭，而她却活出了“单身”的潇洒。

生活方式有很多种，无论你怎样选择都可以。不过，每一种选择的结果又是不同的，你或许会过得快乐，或许会过得压抑。但是，只要你遵从内心，把凌乱的日子理出头绪，那么，生活都会为你而骄傲。

3. 生活哪有那么简单，所以你只能拼命

不要抱怨生活处处刁难你，因为现实从来不会针对任何人，只是你不曾准备迎击一个个突如其来的意外而已。

一

我跟一个朋友聊天，他说单身的时候自己觉得日子过得特别自在，想去哪里就去哪里，不会为生活琐事所羁绊。只不过，现在到了谈婚论嫁的时候，他突然觉得生活变得复杂起来了。

以前，每个月拿着三四千元的工资，除了吃住，他还能有闲钱去旅行，做自己想做的事情。可自从女方要求有房才能订婚后，他才发现原来自己一无所有。好不容易在亲戚朋友那里借够了首付的钱，却因为无法办贷款而发愁。

我说："那不结婚不就得了！"

他有些急了："这怎么成，'不孝有三，无后为大'，我都这么大了，结婚这件事可不能耽搁。"

我又补充道："说来说去还是钱的问题，要不你换一份工作得了。"

他说："你知道之前我为什么一直都做着这份工作，不想变动吗？因为我从来不用加班，而且工作内容极其简单，完全没有挑战性，根本不需要动脑子就能完成。可是现在，当我肠子都悔青的时候，发现自己想辞职都不知道还能到哪里去就职。"

我还能说什么呢？

后来，他跟女方闹翻了，然后四处说现在的女人太现实，没房子就不愿意结婚。他跟我抱怨，为什么就遇不到一个不那么现实的女孩陪他过一辈子呢？

在我看来，女方的要求并不过分。对一个男人来说，一套房子并不是一个无理的要求：人家选择跟你一辈子，那总得有一个属于自己的家吧，至少要看到一点希望。

我说："你大学毕业都六年了，为什么连贷款的资本都没有？"

我知道自己的话有点毒舌，但坦白来说，一切后果都必有前因。毕业的时候，他放弃了中铁提供的机会，回到县城的一家公司做策划。当时三千多元的工资在县城不算太低，毕竟那里物价不高，生活过得还算舒心。

相比之下，在中铁可以拿到六七千元，但一年四季基本要在工地上奔波劳累，甚至常常会熬夜。然而，他怕苦怕累，就这样，他三千多元的工资一拿就是四五年，如今涨了点也只是四千元左右。等到要买房时他才发现自己没有公积金，连贷款的资本都没有，这时候他后悔了。

生活本就不容易，哪有那么多的轻松——你只有努力，甚至拼命了，才会让自己的日子变得更好。

二

我有一个没考上大学的同学，早些年他在一家矿泉水公司上班，每天做的不是办公室工作，而是开着一辆货车到各地去送矿泉水。有一年大家聚会，联系他的时候，他正在从兴义赶往晴隆的路上。

后来，我跟他在兴义遇到，一起吃了顿饭。那时候，他已经不再是送水的货车司机了，而是矿泉水公司在黔西南地区的总代理。他找了几个人帮着自己在各个县城做批发，自己每天只在仓库管理出货和联系客户。

没有人知道这一路他经历了多少风雨，是如何坚持下来的。在送矿泉水的时候，他几乎了解了整个黔西南地区的市场，同时也打通了销路。可真正做代理的时候，他也曾因库存大和产品过期而损失了近十万元。

是的，人生哪有一帆风顺。

前年夏天，合肥特别热，晚上如果不开空调就难以入睡，甚至睡着了也会被热醒。白天只要出门就出汗，走不了多远就会汗流浃背。

有一天下午，路过一个工地时，我看到一位老人正在烈日下搬水泥。汗水和水泥混杂在一起，使他的脸看起来有些模糊。我走上前去问道："大爷，这么热的天，搬水泥太辛苦了！"

老人不自然地低下头，举起袖子揩了揩额头上的汗珠和水泥灰，说道："没办法啊，家娃瘫痪在床，老婆子腿脚也不方便，不干不行！"说完，转身继续搬水泥去了。

"不干不行"，就是这样简单的一句话，承载了生活的重量。没有哪个人的生活会很简单，为了生活，你总得干点什么。

有时候我们做的事情不一定是自己想做的，只是身上肩负着责任，还有自己的寄托，再苦再累也会甘之如饴。

父母年轻时便是苦力，但他们从来不曾叫苦叫累——在他们的眼里，只要我过得好，他们怎样都无所谓。

三

无论什么工作，并无高低贵贱之分，因为每个人都在谋生。你能够拿到比搬运工更高的工资，且工作没那么辛苦，原因在于——跟他们相比，你有更多选择的机会。但不管怎样，生活就是在遍野荆棘中去求胜。

别说辛苦了，生活本就不是一个让人清闲的过程。今天的马云很成功，你并不知道之前他经历了哪些不为人知的苦。他的成功可能不可复制，但他的坚持与努力你试着去看能不能做到。

你只是看到了别人成功的光环，却不知道在光环的背后，无数黑夜里究竟有过多少孤独难眠的时刻。看着别人在事业上顺风顺水，你始终在底层徘徊不前；看着别人的生活熠熠生辉，而你的生活却暗淡无光。

但是，这些都是人生，哪有谁一开始就那么一帆风顺呢，哪有谁的人生那么简单呢？越是美好的日子，越是不易得到——马云、马化腾等人之所以成功并不是运气好，也不是机会亲自送上门来了，而是他们肯拼命，也善于审时度势。

机会从来都留给有准备的人。最初，他们或许不知道自己会有如今的成就，但那时他们也并不会因为没希望而放弃前进的步伐，因为成功也不过是无数个日夜付出汗水之后水到渠成的事。

生活本就不容易，但对拼搏的人来说，也不是什么难事。不要抱怨生活处处刁难你，因为现实从来不会针对任何人，只是你不曾准备迎击一个个突如其来的意外而已。

你若不拼命，最后只能倒在生活的刀光剑影之中。

4. 微笑，是不需成本的投资

笑容是发自内心的，既不是对弱者的愚弄，也不是对强者的阿谀逢迎。

一

很多朋友都说，我是个既礼貌又爱微笑的老实人。每次他们说这话的时候，我都哭笑不得，因为微笑我倒是总挂在脸上，但敢问大侠：你是从哪里看出来我是个老实人的呢？

微笑和礼貌并不难，却为我带来很多对我产生很大影响的朋友。

我们那个地方私立学校特别盛行，初中时我在一所私立学校读书——因为相比公立学校来说，私立学校管得较严。一部分学生是因为调皮，家长无法管教，才被送进去的；另一部分学生就是来努力学习的。

刚进学校时，我很不适应，学习跟不上大家的脚步，每次考试总是徘徊在班级最后几名。生活上也屡遭不顺，过得特别压抑。

我们的宿管是一位三十几岁的叔叔，每天早上学校的起床铃声打响以后，他总是拿着一根电线皮一个宿舍一个宿舍地催我们起床。

因为自己的成绩实在让人看不下去，每天我就早早起床学习，遇到宿管总会向他微笑，然后问候“叔叔好”。每次吃饭回来，看到他在宿舍旁边坐着的时候，我也会向他问好，时间长了也就熟悉起来了。

期中考试后，我还是考了班级最后几名。有一天晚自习后回到宿舍洗漱完毕，我坐在床上准备看书，班主任突然进来把我叫了出去。我跟他坐在宿舍门口的长凳上聊了十几分钟，话题无非就是努力学习并要找对方法。

我准备回宿舍时，宿管把我叫到他的住处。当时跟他同住的还有一个读小学三年级的儿子，不过那个点儿已经睡熟了。

宿管拉了张凳子给我坐下，跟我说起了他还没结婚之前的经历。由于家庭因素，他初中都没毕业，后来就早早地结了婚。婚后，他辗转各地工作，做过粉刷工，做过小贩，后来在建筑工地干活时不幸摔断了腿，等等。

从那之后，他经常会跟我分享那些优秀毕业生的经历，告诉我他们大部分人的作息规律和学习状态。

起初，并无多少感觉，然而，时间久了，我便茅塞顿开——我一直只知道努力，却不懂得如何让自己紧绷的神经得到放松。发现这个问题后，我逐渐调整了自己的学习状态，发现学得越来越轻松，成绩也慢慢地提上去了。

二

高三那年的宿管姓王，大家都叫他王伯。

王伯是个性格温和的人，就算我们不按时睡觉，不按时出宿舍门，他都不会生气。最初，有很多同学因为他脾气好而不遵守规则，可他有自己独到的管理方法，在大家与他熟悉之后，就算他不说，大家也都会按时作息。

每天不管什么时候进出，只要遇到王伯，我都会微笑着问好。周末，他一个人打扫卫生的时候，我也会帮他。久而久之，我跟他就熟悉起来了。

高三下学期，大家的学习气氛都异常紧张，起早贪黑地投入到了学习之中。

到了晚上，我便打开台灯坐在床上学习。后来，我感觉室友都睡着了，自己总开着台灯也不是办法——为了不影响他们休息，我便拿着书到阳台上开着灯看。

有一天晚上，王伯看我坐在阳台角落里背单词，将我叫到了他的房间，然后跟我说，以后晚上就到他那里学习好了——那里有书桌，有明亮的灯，学习起来效率高，也不用考虑打扰到他人。

于是，每天晚上回去洗漱完毕，我就拿着书到王伯的住处去学习。有时候，王伯巡查完宿舍楼回来睡下后，我还在学习——看着睡梦中的他，我总感觉过意不去。后来，我说晚上学习会影响他休息，以后就不去了时，他说："你高考重要，还是我早睡几分钟重要？"

高考前两个星期开家长会，母亲到了学校。那天早上，王伯跟伯母将母亲带到了他们的住处，做好饭菜招待母亲，给母亲讲了一些关于高考时家长要注意的问题。

在高考最后一门考试结束后，我看见母亲竟然出现在了考场门口——那一刻，我简直觉得不可思议。再后来，母亲告诉我，说那些都是王伯告诉她的——在我高考的时候，不要让我知道她在考点附近，不然会影响我考试。

高考已过去这么多年了，每次想起王伯，我都觉得特别温暖——当时若不是他给我提供了那么好的学习条件，我想自己也考不出那么好的成绩。高考前，我的数学成绩从来都是勉强及格，高考时却破天荒地考了一百三十分。后来，班主任说我是班里的黑马，我自己也完全没想到。

三

上大学之后，我开始写文章，并在写作中遇到了一名在高中时就出过书的文友。那时候，每天不管多忙，我都会写一点文章，不过写了一年仍旧无人问津——就连第一部已经签了合同的小说，因为种种原因没能出版。

那段日子，我的情绪很低落，晚上躺在床上就问自己：一直以来我的坚持是不是错了？

后来，在那名文友的推荐下，我的稿子有幸被编辑看中，几经商谈和修改之后就签了合同。我心里真的很高兴，同时也很感谢那名文友给我提供的资源——在没认识他之前，我并没发现自己原来这么热爱写作。

每个人在自己的人生路上总会遇到贵人，他们可能不是让我们走向成功的人，但会给我们鼓励和支持，为我们创造更好的条件和机会，使我们在前进的过程中少走很多弯路。

四

一个简单的微笑，可以拉近人与人之间的关系，因为那会触动人们的心灵，帮人们消除隔膜，建立良好的人际关系。

西方有一句谚语说：“只用微笑说话的人，才能担当重任。”这句话表明：微笑在交往中可以化解人们心里的芥蒂，让人们相互产生信任感，从而愿意对对方委以重任。

笑容是发自内心的，既不是对弱者的愚弄，也不是对强者的阿谀逢迎。微笑应该不卑不亢，带着坦诚，因为那是对别人的尊重，更是对自己的尊重。

微笑和礼貌是你在人生路上最低成本甚至不需成本的投资，给人一个微笑，你获得的可能是上百个回眸。或许，一个微笑就可以为自己赢得一个朋友，而那个朋友对你的成功可能会产生举足轻重的作用。

在任何时候，你都别吝啬自己的微笑，赠他人以微笑，你会获得整个世界的阳光，你会感到无比温暖。

5. 别看轻自己，做好自己该做的事

那些自认为是社会精英却用不平等的眼光看待他人的人，本身素质就低。

一

挪威人喜欢吃沙丁鱼，尤其是新鲜的沙丁鱼。由于市场上活沙丁鱼的价格要比死沙丁鱼高出很多，所以，渔民总是会想尽办法让沙丁鱼打捞后活着回到渔港。可是，不管渔民如何努力，绝大部分沙丁鱼还是会在途中窒息而死。

但有一条渔船上的大部分沙丁鱼都能活着回到渔港，大家很想知道那名船长是怎么做的，然而，他一直不松口。直

到他去世，谜底才得以揭开：原来，他在装满沙丁鱼的鱼槽里放了几条以沙丁鱼为主要食物的鲇鱼。

鲇鱼进入鱼舱后，由于环境陌生便会四处游动。于是，沙丁鱼见了鲇鱼便会十分紧张，四处游动躲避。这样，沙丁鱼缺氧的问题就迎刃而解了。如此一来，沙丁鱼活蹦乱跳地回到了渔港，市民们能买到活沙丁鱼，渔民也能够赚上一笔。

这就是著名的“鲇鱼效应”。

电影《少年班》里，主人公吴未就是这样一条可以说是被人利用了的鲇鱼。在母亲望子成龙的“压迫”下，他被招进了某重点大学的少年班——一个平均年龄在15岁以下的天才班。

可无奈存在智力的差距，无论怎么努力，每次考试吴未都是班级最后一名。就像电影开始时他自己所说的那样，他如同一只被扔进了狼群的小羊，自己还要保证不能被狼群识破，要坚强地活下来。

他不明白少年班导师周知庸为什么要把自己招进来，于是，有一天周知庸跟他说了鲇鱼和金枪鱼的故事。这让本就绝望的他愤怒又悲伤地问道：“那我就是给他们保鲜呗！”

周知庸异常严肃而认真地回答道：“不是保鲜，是保护。”这是一段非常冰冷但很现实的对话，他把我们大多数人都是“鲇鱼”这个残酷的事实冷静而深刻地剖析了出来。

但我从来不觉得做一条鲇鱼就会低人一等；相反，不管是沙丁鱼还是金枪鱼，虽然它们都受民众喜爱，但要是没有鲇鱼的“保护”，它们终究会死去，也就不会有那么高的价值了。

人没有三六九等之分，但我们必须承认人与人之间有差别，不同的人会过不同的日子，不一样的人有不一样的人生。所以，无论是怎样的日子，怎样的人生，只要我们把属于自己的事情做好，那就算是成功的人生。

二

我在文化公司做策划的时候，认识了小斌——每天其他同事都在正儿八经地做策划工作，他几乎没任何事情可做。但是，任何公司都不可能养闲人，小斌并没有因此而闲着。

小斌的工作就是为大家做日常服务，比如打扫卫生、修电器、修电脑、换桶装水、打印资料、布置会场等。那时候，很多同事都觉得他可有可无，毕竟他的工作每个人分担一点也没多少。

不久后，小斌辞职了，因为原本就有能力的他不可能长久待在一个无用武之地的地方。

当一种习惯形成后，突然发生改变，大家就会难以适应。我们的电脑坏了没人修理，办公室里排好的值日表没人遵守，桶装水没了也没人主动去搬，需要打印资料时得亲自跑一趟，布置会场的时候再苦再累也得亲自干……

那时候，大家开始叫苦了，也才知道原来小斌其实比我们任何一个人都辛苦，一整天他都被大家使唤着，那种日子的确让人难以想象。

所以，我一直相信，一个团队中的人，不管他是打杂的还是做高管工作的，都是系统的一部分——离开任何一个人，系统的运作都可能受到影响。这就像生态系统一样，任何一个环节总有它存在的价值。

三

我在科大讯飞实习的时候，每天坐公司的班车上下班。在那之前，我看到很多公司的班车在城里穿梭，但亲自乘坐以后我才明白，公司之所以要花钱买车，还要请司机，因为那可以大大提高员工的工作效率，而且，对于很多员工来说，那都是极大的便利。

所以，我改变了公司班车司机是闲人这一看法——他们也是公司运营中不可或缺的一部分。

可能有时候我们看不到自己存在的意义，但是放在整个系统中，我们就显得非常重要了。这种系统有很多，家庭、公司、朋友、同学等，在各种各样的系统里你都有一个属于自己的位置——至少在这个系统中，人们会记住你。

上高中那会儿，每个周末外出的人都特别多，所以，校门口的公交站可以说是人山人海。有一次，我们外出购物，上车时遇到了几名农民工叔叔，但因为拿着工具，他们上车时被司机拒绝了。

农民工叔叔们没办法，只能将工具搬下来，其中一名年轻的农民工叔叔想要争辩，却遭到司机的破口大骂，甚至还想动手。看到这一幕，我们上前拦住了司机，这才避免了一场冲突。

那天，因为这事交警都赶了过来，他们还对我们拦住司机的行为进行了表扬。后来，听说那名司机被公司开除了，为此，公司领导还特意到我们学校当着全校师生的面道了歉。

无论是农民工还是司机，都是社会的一部分，而社会的发展离不开他们。无论是老师还是学生，地位也都是平等的。所以，没有谁会低人一等，公交车谁都可以坐。

四

以前，我看过这样一条新闻：上海的一趟地铁里，一名农民工害怕弄脏座椅而坐在了地上。有位年轻人劝他坐到座位上，还与嫌弃农民工的女士争辩了起来。这值得称赞，因为城市的建设离不开辛苦的农民工。

后来我发现，这条新闻是节目组故意设置的，暂不评价这样考验人性是对是错，但是有人能够在这样的情况下挺身而出，确实值得我们称赞。

不管你从事什么职业，都是在为社会做贡献——每个人都有自己的价值，你不要看轻自己，只需做好本职工作就好了。

当然，你更不能看轻别人，这是对别人的尊重，更是对自己的尊重。那些自认为是社会精英却用不平等的眼光看待他人的人，本身素质就低。因为，社会需要的是爱心，歧视别人不是一个真正有素质、有爱心的人所为。

6. 成长，就要学会为自己的错误埋单

你可以为自己犯的错误找借口，但是有些错误一旦犯下了，你必须自己埋单，而有些缺憾你不可能弥补。

一

英国有这样一句谚语：再好的射手也有脱靶的时候。

犯错这种事情，没人能够保证一定可以避免。莎士比亚在《一报还一报》中这样论述道：“最好的好人，都是犯过

错误的过来人；一个人往往因为有一点小小的缺点，显出他的可爱。”

人人都会犯错，但绝不可以一而再、再而三地犯错，莎士比亚的论述即是如此。既然犯错无可避免，那我们就得学会从中反省自己，那样才会在将来避免犯同样的错误，在同一个方向上少走弯路。

二

前段时间，郑女士负气离开了公司，个中缘由让人哭笑不得：她受不了老板的责骂、同事的嘲笑，以及无聊的工作流程。

在那之前，我一直觉得老板的责骂、同事的嘲笑，对每一个职场人来说都是家常便饭，并非什么跨不过去的坎儿，可在她那里就是无法承受的事情。

说到工作流程，在哪里不是一样呢？你总不能今天做销售，明天就做销售经理吧。工作，换种说法就是谋生，而谋生不是看电视，不可能任由你想看什么节目就换什么频道——更多的时候，我们需要自己去坚持。

我们可以在同一个地方跌倒一次两次，但绝不能跌倒三次四次。一次犯错并不可怕，可怕的是形成了习惯。这就好比，尊重从来都不是他人给予我们的，更多的时候需要自己去争取。

郑女士在自己的职位上干了一年之久，工作流程早已滚瓜烂熟，却时常会犯同样的错误。所以，无论是老板的责骂，还是同事的嘲笑，不都是自己的原因吗?

同理，认同从来都不是他人给予我们的，而要靠自己去争取。要想自己能够站稳脚跟不被人嘲笑，其实很简单，那就是用实力证明自己的价值——公司可以没有你，但你要在公司里做到无可替代的地步。

上大学时，我在很多地方实习过，初到一个地方工作的时候，我总是会犯这样那样的错误。早上跑城东，午休跑城北，下午跑城南，晚上偶尔还会因为自己的“工作失误”而加班。

我曾在博客上看到这样一段话：“老板绝对不会有错；如果发现老板有错，一定是我看错；如果我没有看错，一定是因为我的错才害老板犯错；如果真是老板自己的错，只要他不认错，也是我的错；如果老板不认错，我还坚持说他有错，那就是我的错。总之，老板绝对不会有错，这句话绝对不会错！”

在职场中，这就是一种规则。总之，只要自己错了，我们就该自己埋单，而不是归咎于他人。

所以，那时候不管领导如何责怪我，我都会努力找到自己的原因，但过程可能会有曲折。有时候我自认为对的事情，在领导那里就是错的，而在自己不能争辩的时候，我只有用成绩去弥补错误。

三

我的高中同学王刚在一家教育公司上班。作为老师，首先要把课上好，把学生的成绩提上去。但他本人有些懈怠，慢慢地，他负责的校区学生人数越来越少，家长的好评率也越来越低，等到年终评审后，他没能得到升职的机会。

王刚负气离职了，还在朋友圈里自编了各种诋毁教育公司的消息，因此跟教育公司闹上了法庭。

其实，他进那家公司的原因是，他的父亲跟教育公司的老板是朋友，可最后因为他，他的父亲跟教育公司的老板闹翻了，两家从此成了路人。

在一次聚会中，说起这件事情的时候，王刚异常愤慨，好像干柴遇到了烈火一般，“怒火”点着了就难以熄灭。他说：“口口声声说跟我爸是朋友，可是，我没有得到升迁的机会。让我负责一个校区，工作半年了，绝口不提调到总部去，算什么朋友？”

语惊四座，没人接话，接着大家都沉默了。

所谓“朋友”，可以对你伸出援手，但不会没原则地为你做任何事情。如果你把自己得不到升迁的原因归结于朋友，那换作任何人，缺一个你这样的“朋友”实在算是幸运。

在这个社会里，没人会为你的错误埋单，也不会有人关心你的前程。这是一个讲效率的社会，英雄不问出处，能者居上。你得不到晋升的时候，为何不去反省自己，从自身找答案呢？

我看过无数人在默默地努力着但仍旧没有晋升，也看过很多人因为自己的过失而前途尽毁，还看过很多人被迫离职了。我一直深信那句话——“无风不起浪”，任何一件事情，有果必有因。

一个人有犯错的权利，但有些错不能犯，因为那可能会造成不可估量的损失。有些错可以犯，但由此带来的遗憾也会无法弥补。

四

那时候，我在离家一百多公里的兴义上高中，有一次母亲来看我，带着我在市里逛了一遍又一遍。吃过午饭，母亲想去买件衣服。那会儿天热，我有点烦躁地说：“这么热的天，去买什么衣服？”

母亲让我先回宾馆，她一个人去买衣服，回来时已是六点多了。但是，在等母亲回来的那段时间里，我感到无比悔恨，毕竟她很少来兴义，对这里的路也不熟悉，我让她一个人上街去，她要是迷路了可怎么办?

我不断地在心里责怪着自己。

尽管我很愧疚，但母亲一点都没放在心上，回来后，她高兴地拿出买来的衣服给我看——大多都是买给我的，她只给自己买了一顶帽子。

那时候，我的心像万箭穿过一般疼痛，然后挽着她的手到楼下去吃饭。饭后我说去逛夜市，母亲用疲惫的双眼看着我说:“今天下午走累了，想早点休息，明天还要回家呢。”

几年后，有一次我跟母亲一起到兴义去买东西，我装作漫不经心地问道:“那年你一个人去买衣服，后来是怎样回到宾馆的呢?”

母亲顿了顿，说:“早忘了!”

听母亲说完，我的眼睛不禁有些酸楚。

那件事至今我都不曾忘记，我知道就算自己带母亲再逛几次兴义，再打几次车，都不可能将自己心里的那道坎儿给抹去。因为，我永远不能忘记母亲一个人走向街头的背影是那样孤独。

有些错一旦犯下了，就像是在心里埋了一粒种子，你永远都不可能把它遗忘。

你可以为自己犯的错误找借口，但是有些错误一旦犯下了，你必须自己埋单，而有些缺憾你不可能弥补。

7. 我不做费力不讨好的事

你做一件好事不是为求回报或者得到他人的赞扬，只要你能够在他人需要帮助的时候伸出援手，这个社会就会充满温暖。

一

朋友梁成很热情，邀请我周末跟他一起到郊区的草莓园去摘草莓。周六早晨，我们驾着他的那辆二手别克出发了。

在路上的时候，我们谈了很多生活中的事情，聊着聊着就提到了他的邻居。原本有说有笑的他，脸色突然沉了下来。

我觉得奇怪，问了一声："怎么，邻居跟你有仇？"

梁成笑了一下，说："倒也不是有仇。"

梁成说，有一天晚上，邻居家的车坏了，因为急着出去便向他开口，问他能否送他们一趟。他正好有事在忙，又不想拒绝邻居，于是把自己的车钥匙给了邻居，让他们自己开车去。

可刚开出去不久，车就抛锚了。邻居给修车厂打了个电话，预交修车费后，便让梁成赶了过去，陪着修车厂的人拖车。

事后，梁成坚决要把修车的钱还给邻居，但邻居没有要。他觉得邻居还挺仗义的，这车没有白借。可是，过了两天问题就出来了——他到楼下的菜场去买菜，听到了些闲言碎语。

很多人都在传梁成是个假大方的人，把自己的烂车借给了别人，害得人家给他花钱修车。他心里不是滋味，那是一辆二手别克，问题是有，可谁知道邻居开时就出问题了呢？

梁成说："自己好心借车，倒成坏人了。"

现在，邻居一家遇到梁成都不会像以往那样热情地打招呼了，尽管这并不是什么大不了的事，可自己借车给人，从来就没有让人帮自己修车的意图，最后却出现了这样一个不好的结果。

对此，梁成哭笑不得。

那天从草莓园回去，梁成说要给邻居带一些草莓，我说："人家那样误解你，你还给人家送草莓，他们可能会以为你有所愧疚。再说，你送草莓过去，人家不一定会理你。"

帮人有时还需看对象，你出于好心帮了人，结果可能让人误解你的好意。可无论在对人、对事哪一方面，你都务必要看清人和事的真面目，别去做那些吃力不讨好的事情。

二

我的中学班主任来自湖南，他在学校身兼数职，但上起课来毫不含糊——在所有任课老师当中，我只佩服他。

当时，我跟发小老陈同班，在远离父母的视线后，本就有些调皮的我们变得更加放任了，学习常常是三天打鱼，两天晒网。最初，班主任并未对我们的态度做出任何回应，我俩便得寸进尺，索性每天晚睡晚起，上课迟到成了常态。

后来，学校每天都有晨检活动，早上的起床铃打响后，所有学生都得到操场集合。由于习惯了晚起，突然要求早起，我们一时难以适应。有一次，我俩还在床上犹豫着要不要出操时，班主任走了进来。

来不及说什么，也不能说什么，我俩以最快的速度穿衣穿鞋，没有洗漱就跑到了操场。后来，有好几次我们都出操迟到了，甚至没有出操，班主任也再没有来叫我们起床。

一段时间后，全校出操统计结果出来了，我们班的出操率是全校最低的，班主任因此被扣掉了所有的补贴，共计八百多元。在当时，八百多元可不是小数目。

我们原本以为班主任会因此在班上大发雷霆，然而，他在班会上笑着对我们说："其实，我本人真的很反对晨检活动，六点就把大家叫起来，这对于上午上课是不好的。我观察了好几天，每天早晨大家的上课状态跟以往不一样了，很多同学在第三节课就开始走神，开始犯困——看，太早起床也是得不偿失的。所以，你们可以晚起一点，只要不是太晚就可以了。”

从那天开始，我们班的出勤率更低了，但上课时大家的精力充沛了，很多人都不会打瞌睡，而且就算犯困的人也都会坚持下来。因为班主任已经给了大家机会，如果晚起还打瞌睡的话，那就真得早起了。

两个月后，学校宣布取消晨检，那时候我们才确信班主任所言不假，因为太早起床让很多同学上课都想打瞌睡，那已经成了全校的普遍现象。可见，所有人把早起当成任务，任务完成后，学习的精神也会因此降低不少。

社会需要规则，无规矩不成方圆，然而规则的制定也要合理，如果为规则而规则，那可能会产生反作用。做事也一样，有些事做了会有意义，但有些事做了没任何意义。

我们不是要让这个世界冷漠下去，只是有些事不是光靠热情就能够解决的。

三

那天摘完草莓回来，我在想一个问题：如果梁成的邻居开车出去后不是抛锚，而是出了车祸什么的，他会不会将责任全部推到梁成身上?

你做一件好事，不是为求回报，或者得到他人的赞扬，只要你能够在他人需要帮助的时候伸出援手，这个社会就会充满温暖。

如果你帮助他人的出发点是为了得到回报或者他人的赞扬，那么你终会觉得失望。所以说，对于自己不该做的事情，你就别吃力不讨好了。

8. 既然无法回头，那就往前走

无论我们选择的路多么艰辛，生活多么困难，当一切无法再来的时候，那就勇敢地大步向前，就算看不到远方，拨云见日的日子也总会到来。

一

小辉是朋友中最早创业的一位，高中还未毕业他就回家做起了生意。当时，我们都为他的前程堪忧，不过这些年他已经小有成就，我们的担忧在现实面前似乎显得多此一举。

与小辉再次相见是在他开办的砖厂里，他衣着简便，在与七八个员工一起维修制砖机。可能是因为生活的磨砺，他的脸上已多了些沧桑。后来在他简易的办公室里，我与他一起喝茶聊天，但看他实在忙，我坐了一会儿就离开了。

小辉把砖厂办得如此红火，我惊叹之余，也为之大喜。他辍学的时候，我想没几个人能想到他能开办这样一家大型制砖厂，并积累下几百万元的财富。

二

小辉的父亲去世早，母亲体弱多病，一手将他和姐姐拉扯大实属不易。姐姐初中未毕业就找了工作，后来远嫁外地。

其实，在小辉上初中时那个家已经摇摇欲坠，只剩下他与母亲相依为命。家里没有稳定的收入来源，他们仅靠祖上留下的田地得以勉强为生。

小辉每年都靠国家补助上学，母子俩的生活费用总是入不敷出。高二那年暑假，他毅然选择了辍学，为此，他的母亲还到学校来苦苦劝说他改变主意。

看到那个场景，很多人都潸然泪下。那不是同情，而是对一位母亲的尊敬——她虽然没有知识，但深知知识改变命运的道理。但小辉心意已决，再多的劝说也无法动摇他。

那时为他担忧的不止他的母亲，还有我们这些朋友以及老师，有时候我想过帮他做点力所能及的事，但无故伸出援手对他可能未必是一件好事，也就打消了这种念头。

此后，我们为了考上大学夜以继日地努力着，全然忘记了学校之外的繁华世界，一切嘈杂在高考面前销声匿迹，包括中途辍学的小辉。我们在全神贯注地去做一件事情时，时间仿佛稍纵即逝，高考如同一夜降临了。

高考结束后的那个星期，班级聚会中，一年多没见面的小辉又出现在我们的话题中。大家都在猜测他身在何方，做着什么工作。在班主任那里得到小辉母亲的电话号码后，我迫不及待地拨打了那个号码。

我们邀请小辉来参加聚会，他没有推辞。半小时后，他赶到了饭店。我至今也忘不了当时的情景，他穿着一件灰色背心，一条七分短裤，脚上是一双黑色的人字拖，胸前挂着小背包。

“我跟我妈在菜市场卖水果，你打电话的时候我正在摆摊。”小辉的神情有些不自然。

我想，看着皮肤变得黝黑的他，大家的心都会震颤。那天的聚会，我们玩得异常开心，不仅因为我们毕业了，还因为这关键的一步我们已经迈出了，未来正在向我们招手。

那晚，不喝酒的人都喝了酒，酒量大的都喝晕了，酒量小的脸都喝红了。小辉躲在饭店角落里一杯一杯地喝着酒，朦胧的灯光下，我不知道他的眼角泛着光的是不是泪水。

大家分别时，小辉已经喝到站不稳了，他的母亲接连打了好几个电话，最后一次我接过电话才知道，那么晚了阿姨还守着菜市场的摊位——小辉不到，她骑不了三轮车。

我拦了辆车，跟小辉一起来到菜市场，我看到阿姨已把一切都收拾好了，一个人坐在台阶上。我把他们送到了家，临走时小辉叫住了我："今晚就在这里睡吧，我想跟你说点事。"

我与他睡在一张床上，他说："辍学后我好迷茫，不知道自己的选择是对是错。我很想改变现状，可自己无能为力，尤其今天看到大家的样子，我更加难过了。这倒不是嫉妒，而是我觉得自己眼下没什么希望了。"

"既然已经选择了，那就别后悔。现在我也高中毕业了，可我还是不知道自己能干啥。"

那晚我才知道，小辉辍学是多么无奈，这一年里他过得是多么不甘。可是，在现实面前，所有不甘只能埋在心底，待到下一个天明的时候，依然要以满满的热情去对待那些终将会出现的事情。

后来，大家陆陆续续地离开了故乡，到了其他城市去上学。小辉则留在了那个小城市继续做着小生意，我们一直有联系，有时候我回家了也会找机会跟他聚聚。

三

我上大二那年，小辉做了人生中的第一笔大生意：他冒着风险雇了一辆货车，从广西进了一车刚刚上市的新鲜荔枝。

“我把所有的积蓄都投进去了，要是亏本了，我就再也不干了——当时我就是这样想的。”小辉说。

那一车荔枝不到三天就全部卖完了，小辉净赚了一万多元。一鼓作气，他连本带利地投了钱，又多雇了一辆货车，立马去广西拉回来两车荔枝。可这一次并不像一开始那样顺利，因为很多人都来拉荔枝。

那两车荔枝小辉卖了整整半个月，损坏的差不多有几百斤，但他还是赚了不下三万元。这给了他很大的启发，他用本钱和贷款买了一辆货车，自己到广西去拉水果。

就那样，以批发水果为主，两年的时间里他赚了几十万元。然而，好生意总会有人跟着做，眼看竞争越来越大，他决定转行。他发现很多外出务工的人回家后都会盖新房，这就打起了制砖的念头。

说干就干，他拿赚来的钱买了机器，请了师傅，在老家开起了砖厂。我很佩服他的商业头脑，短短一年多的时间里，他投入的资金基本全赚了回来。两年后，他就买了车。

在有些人看来，这样的成功并不多么了不起，甚至还会觉得很普通。但是，对于这样一个家庭的孩子，有着这样一些经历的人来说，能够过上这样的日子真的不易。

无论我们选择的路多么艰辛，生活多么困难，当一切无法再来的时候，那就勇敢地大步向前，就算看不到远方，拨云见日的日子也总会到来。

9. 现实一点没什么不好

与其抱怨女人现实，不如努力让自己变得更加强大，让自己拥有更好的人生，让自己有能力给爱自己的人以幸福。

一

上大学时，我经常会听到这样的话："这时候还不找一个自己喜欢的人谈一场轰轰烈烈的恋爱，毕业后可就没有大学校园里这样单纯的爱情了，毕竟走入社会的人都会变得现实起来。"

话虽这样说，可现实一点又有何不好呢？我们的生活起居都需要物质保障，毕竟生活不只是爱情，还需要过日子，现实一点才会更有安全感。

在学校里时，谈人生、谈理想不是什么可怕的事情——作为学生，总得有自己的思考，有一个属于自己的理想。倘若整天无所事事，泡吧打游戏，也不是什么好事。

可是，毕业后步入社会，如果还整天把“人生”“理想”挂在嘴边，却连一份解决温饱问题的工作都找不到，那就真是一件可怕的事情。

二

我想起前段时间刚结婚的高中同学老何。当时，他在班级群里公布结婚消息的时候，很久都没人在里面说话的群仿佛炸开了锅，一下子热闹起来——大家都七嘴八舌地对老何进行着各种花式祝福，他也终于在大家的强烈要求下分享了未婚妻的照片，不过那不是跟他相恋四年多的前女友。

大四那年，老何没能在校园招聘会上找到一份理想的工作。学校在北方，可他一心只想到深圳去发展。于是，在很多同学参加校园招聘会时，他只身前往深圳去找工作。

可现实并不像老何想的那样完美，他参加了很多招聘会都没能找到合适的岗位，以至毕业了仍旧没跟一家公司签约。

相反，他的女朋友在一家不错的企业里找到了一份 HR

的工作，有招聘会的时候，她就跟公司的招聘专员飞往各地出差，生活过得还算滋润。可毕业将近一年的老何还在到处奔波，甚至到了借钱生活的地步。

每次到女朋友工作的城市，一起出去吃饭，老何总是像上大学时那样找一家路边的小餐馆——女朋友知道他没什么钱，但每次都显得非常开心。

有一次，老何又到了女朋友的城市，吃饭时他仍旧带着她去小饭馆。可女朋友在小饭馆门口停下脚步，对着一脸疑惑的老何说："走，去大饭店，我请客。"

后来，老何跟我说，那顿饭是从小到大他吃得最尴尬的一次，看着菜单上的饭菜价格，他实在不敢想象。他本想付钱，可是钱所剩无多，只能装傻似的看着女朋友付钱。

回去的路上，两人默不说话，一顿饭就让老何在女朋友面前自乱阵脚，他觉得自己作为一个男人的尊严一下子如同节操一样碎了一地。对于接下来的生活，他实在不敢再抱有什么幻想。

他本来打算在那里多待几天，但看着那种情形，他实在无法逗留下去，于是第二天一大早就回了家乡。在亲戚朋友的帮助下，他在当地的一家私营企业里谋得了一份工作。

没过多久，女朋友给他打来电话提出分手。理由是，跟他在一起，要吃路边摊，穿地摊货，她已经不习惯那样的生活了，她应该拥有更好的生活。

老何无能为力，自己在这样一个小城市里也给不了她想要的生活，总不能死缠烂打吧。于是，四年多的感情就那样宣告结束了。

分手后老何很不甘心，每次跟朋友喝酒后就开始数落前女友，说天下的女人都很现实。可是，凭什么要说女人现实呢？你自己没能力给人家好的生活，人家靠自己的努力过更好的生活总没错吧?

三

生活就是这样，每个人靠自己的努力过上好生活是没错的，你无法给予别人想要的生活，别人也没义务整天跟你过居无定所的日子。我们每天朝九晚五，不就是为了更好的生活吗?

别说女人现实，我们自己何曾不想过更好的生活呢？我们无法过上更好的生活，就别说那些有能力过上更好的生活的人现实，况且，那些靠自己努力挣钱的女人就该对自己好，给自己更好的生活。

有人调侃说，房价都是丈母娘给逼出来的。问题是，房价跟丈母娘的确能扯上一点关系，但那不可能是房价上涨的根源，毕竟背后的市场可不是三言两语就能够说清楚的。

四

这次老何结婚，女方家提出的要求是没车可以，但必须有房。为此，老何跟他的七大姑八大姨东拼西凑借来了首付款，然后拿着自己这两年挣来的积蓄结了婚。虽然说婚后就要还债，但想来女方家的要求也不算过分，人家嫁过来总得有房住吧。

我们不能擅自评论他人是否现实，这本身就是自大行为，那说明，我们也一样现实，不过是五十步笑百步而已。

在这个竞争如此激烈的社会中，现实一点总比不现实的好，至少你是清醒的。这倒不是说“众人皆醉我独醒”，而是如果没钱、没工作、没房子，生活质量是无法保障的。

所以，与其抱怨女人现实，不如努力让自己变得更加强大，让自己拥有更好的人生，让自己有能力给爱自己的人以幸福。

别再去埋怨那些努力追求过好日子的人了，因为你并不知道为了那样的日子，他们付出了多少汗水。

10. 要经历多少的苦，才能过上更好的日子

最好的日子就是不回避生活对我们的种种刁难，不回避那些挡在前路的坎坷，因为你躲得了眼前的小事，也逃不过一世的艰难。

一

跟我一起长大的一位发小，单名一个“霞”字，小时候我们童言无忌，每次看到她就开口叫“大侠”。看她无可奈何的样子，我们就像获得战利品一样无比兴奋，总觉得看到别人因为我们的捉弄而尴尬时就是人生一大快事。

霞是个坚强的女孩子，经历了很多我们同龄人都没经历过的艰辛。如今，看到她过得自由自在，每到一个地方都会在朋友圈分享自己的照片，脸上溢出那么甜美的笑容，我就感到无比温暖。

每次，我都想这样说：让坚强的自己活出更好的日子。

我之所以说霞坚强，倒不是因为她没有在我们的童言无忌中迷失自己，而是相对于她经历的那么多事情，童言无忌

就算不上什么了。

当然，我也很感谢生活，感谢那个坚强的她没有在生活中失去自我，而是让自己活出了现在坚强的模样来。

二

父亲在霞年幼时撒手人寰，留下年轻的母亲以及还在襁褓中的弟弟，对她那样的家庭来说，顶梁柱倒了是用“晴天霹雳”无法描述的。母亲带着她跟弟弟艰难地撑了几年，后来改嫁了。

也是因为母亲的改嫁，她的生活轨迹开始转变。母亲去外省打拼，她和弟弟跟着伯母一家生活。那时候我们正上小学，每天按时上学，回家吃饭、写作业，心情不好时还可以跟父母闹别扭。

而霞不一样，回家还要洗衣做饭，有时候一件简单的小事做不好就会被伯母打骂，更别说在父母怀里撒娇了。在我们的玩伴中，几乎没有霞的存在，她所要做的事情远远超出了那个年龄的承受范围。

霞的伯母跟伯父的关系不好，伯父常年在外，她晚上回家还要陪着伯母打理生意，常常要到很晚才能睡。白天上课时她会睡着，很多同学不解，都说她是个懒虫，只有少数人知道她每天过得很辛苦。

后来，她跟我说：“有一次我真的忍不住了，给我妈打电话，说如果不把我接走的话，我就自杀。”

听霞这么说，我震惊了，在那么小的年龄竟想到了自杀？蝼蚁尚苟且偷生，生活要到何种地步她才会想到轻生呀？

我无比愧疚，那时候霞承受着我们无法承受的苦，做着我们无法做到的事，我们却总拿她开玩笑，若她真有什么三长两短，这辈子我们又怎能心安呢？

那时候一看到别人的痛处，我们就想在他的痛苦之上找乐子，看到他更痛苦了，我们就越开心，恨不得让全世界的人都知道。

现在想想，我真的忍不住要骂自己，我甚至都没资格跟这样优秀的人做朋友。而且，所谓的童言无忌也都是给自己的无知找借口罢了。

后来，她母亲把她接到了外省。其实，那里的生活也不容易，一家人挤在一间狭窄的房子里，她也长大了，总归有些不方便。再后来，母亲搬到了别处，她一个人住在原来的房子里，而周围住的都是在附近工地上干活的男人。

她说，每天晚上她都是提心吊胆地听着那些男人互相骂脏话入睡的，第二天醒来看到外面阳光正好，她就会觉得这个世界好美，然后笑着开始新一天的生活。

那时候，霞心里对母亲还有怨言，直到有一天晚上，母亲跟她说了这样的话：“一个男人在你最无助的时候来到你身边，给你无微不至的照顾和关怀，也不嫌弃你的过去，而你本身早已经撑不住了，为什么不靠一下呢？”

霞能够理解那些年母亲的苦，这一次她们母女俩在房间里抱头痛哭，从那时候起她不再抱怨母亲，开始变得更加坚强，而且更加努力地学习，直到后来考上了大学。

这些年来，霞都是积极乐观的，在每一个朋友的眼中，她是个爱说爱笑的姑娘——认识的人都有一种感觉，跟她在一起，你总能感到温暖。而你所经历的那些艰难的日子，在她面前都会显得微不足道。

三

曾经，我也一度认为生活有太多的不如意，尤其是升高中那会儿。

我报考重点高中落榜，看着原本成绩并不那么优秀的同学都上了理想的学校，我就执拗地认为全世界都在与我为敌，把不如意的事都压在了我身上。

我去了一所自己从未想到过的学校，军训那几天，我打电话给我姐说自己不想上学了，让她跟父母说我要辍学。好在姐姐不停地劝说，我才冷静了下来。

后来，我反省了很久，若是自己真的放弃上学，那会对父母造成多大的伤害呀？而不上学，我又能做什么呢？

上大学后，我开始写文章。后来，稿子有幸被编辑看中出版了。被人认可的时候我才明白，之前迷茫和经受的质疑都是成长的必经之路，也只有经过那些困难和挫折，我才知道收获来之不易，每一次进步都要付出努力。

有一个周末，我到书店看书，偶遇作家简平的新书签售会。书名叫《最好的时光》，作者在里面讲述了自己与母亲双双患癌的经历，母亲不悲伤，他也不难过。母子俩先后去了韩国、日本和中国香港、台湾等国家和地区旅行，把最坏的日子过成了最好的时光，最终母亲笑着离开了世界，他也在笑着面对现在的生活。

看到这个故事的时候，我真的很受触动，因为很多事情真的没有我们想象的那么可怕，可怕的是被困难吓倒。

四

面对挫折就一蹶不振，只能说明你历经的困难太少，最终成了生活的弱者。而那些历经艰难后，让自己变得更加坚强，在生活中就算面对再多的苦也要过上更好的日子的人，最终会成为生活的强者。

这并不是说你要历经多少苦难人生才算完美，只是现实总会有太多的不如意，它可能会在你喜悦的时候给你当头棒喝，让你措手不及。

每个人都有弱点，都有自己的软肋，但面对苦难和挫折时，我们都应该以坚强的态度挺过去。妥协可能会少一些挣扎的痛苦，但会多一些委曲求全，可走过去后，或许你会有意外的收获。

最好的日子就是不回避生活对我们的种种刁难，不回避那些挡在前路的坎坷，躲得了眼前的小事，也逃不过一世的艰难。而所谓的坚强，需要在一次次战胜困难中练就而成，因为强者不是与生俱来的——我们是人，本身就脆弱。

生活和自己的态度会让你选择做一个什么样的人，不得不承认，这个世界有它的美好，也有它的糟糕，只有知道现实是什么样子，自己又是什么样子，你才会懂得如何改变自己去适应这个世界，在风云变幻的环境中立于不败之地——只要你处变不惊，所有的当头棒喝也就无关痛痒了。

第五章

梦想不会辜负执着的人

走你的路，做最真实的自己，毕竟你也没有因为自己的路而让他人无路可走——只有勇往直前，你才会摆脱偏见。

1. 坚持都做不到，谈什么进步

没有坚持的决心和勇气，就别开口谈梦想，因为停在嘴上的梦想永远不会实现。你若做不到坚持，那就别想着进步了。

一

Z 女士说她总感觉自己有很多想法想表达，问我怎么做才能提高文笔，有没有什么写作技巧可以分享。对于从大学时代才开始写作的我来说，还真没什么写作技巧可言，最大的心得也就是每天坚持阅读和学习，坚持写作。

Z 女士写作几个月后，将文章拿去到处投稿，结果全都石沉大海。有一天，她又问我，为什么自己坚持写作却没什么结果?

我问她："你是怎么坚持的?"

她说，她规定自己每星期写一篇文章，断断续续地写到几千字没问题。

我一时找不到话回复她。

这样的坚持是难以在短时间内看到成效的，而所谓的坚持，不是一星期写多少字，而是每天能够投入到为写作而做准备的时间有多少，比如阅读、思考，最后才是下笔写作。

如今，一年多过去了，有一次Z女士跟我聊天时说，她已经放弃出书的梦想了，因为写作需要一定的天赋，而她可能真不是写作的料，也就不再去挣扎了。

写作可能要有那么一点天赋，但在我认识的作家中，他们不过是一直坚持着每天写几千字，每个星期读几本书的习惯罢了。而在这样的基础上，你才能更清楚地看懂他人的写作手法，并从中有所借鉴，然后再进行创新。

所以，我一直相信，天赋不是决定一个人写作的首要因素，你只有不断地积累，不断地练笔，才可能让自己的文字慢慢成熟起来。而一个具有天赋的人，如果他不努力坚持下去，也不可能获得成功。

Z女士偶尔还会写点文章，但只是断断续续地发在朋友圈里，并且行文中的语病随处可见。后来，她让我帮她投稿，被拒之后便埋怨出版公司不识货。

一个人想要进步，不是一蹴而就的事情，也不可能断断续续地做一点就可以看到成绩。做事情是一个细水长流的过程，切不可操之过急，或以三天打鱼，两天晒网的心态去应付。如果你对一件事情足够执着，也有足够的耐力去坚持，何愁没有结果呢？

一个连坚持都做不到的人，怎么可能会有进步？

二

以前在文化公司上班的时候，我认识了一个女孩子小春。刚到公司的时候，小春对文案和策划一窍不通。

大家很奇怪：作为一名理工科女生，她为什么会找一份文案工作呢，关键是她怎么找到这份工作的呢？靠关系吗？总之，大家就是以小人之心度君子之腹。

后来，我们才知道小春的确有人脉，但那也是她自己的实力。之前，她是做销售工作的，业绩在公司非常突出，但家里只有她这么一个姑娘，离家远实在不放心，父母就托朋友给她找了这份工作。

一名理工科出身的女生，她能把销售工作做得那么出众，那么，文案工作又怎么能够难倒她呢？毕竟，一个人的性格和能力在很大程度上决定了他能够将工作做到什么程度，而这种不需要理论的工作稍作培训就会了，没什么大不了的。

易中天在《开讲啦》节目中说过一句话，大意如下：不做自己的本职工作，那叫“不务本业”，而不叫“不务正业”——谁规定大学里学的什么专业，毕业后就得做什么工作呢？

当然，有很多事实也证明，并不是你在大学里学什么就一定得去做什么。所以，一开始大家怀疑小春时本身就存在偏见。然而，时间证明：她的实力不亚于大部分已经工作了很久的老员工。

起初她四处碰壁，做的很多企划和文案都得不到领导的认可，领导看一次，就让她重写一次。在别人看来简单的文案，她要反复修改几次，但她从来不会辩解，每次都会仔细查资料，对照优秀文案不断完善自己的文案。

小春一丝不苟的工作态度，让很多人都佩服不已。

有一次，公司出了新产品，领导要求大家针对产品的使用价值以及创意写一份有内涵、有新意，还接地气的宣传文案。我们大部分人对文案的写作都已熟悉，加之公司产品每次首发的文案都是大家讨论所得，大家就想，这次大概也不会例外。

带着这样的想法，大家下班后就匆忙走了。小春则留在公司，她拿着新产品在研究，往往刚打出几个字又删除了，就那样反复着。

临走时，我跟她说："别太辛苦了，明天来大家一起研究再写吧。"

第二天，大家来公司准备讨论文案的时候，只有小春递上了自己的文案。

昨天下班回家后，我们吃饭的吃饭，逛街的逛街，谁都不愿意占用自己的休息时间来写文案。但小春不一样，她熬夜写出了文案。幸运的是，领导决定用她的文案，因为那个文案深入浅出而且有创意。

三

做好一件事情，并不在于之前你学过多少知识，或是否经验足，因为没人一开始就擅长做事，但只要你不断学习，坚持去做，那没什么事是你做不到的。

而你学过什么，并不一定意味着未来你就得做什么，希望你别被这样的观念束缚了自己能做很多事情的可能。

成功不一定非要有天赋，但绝对不能不去坚持。没有坚持的决心和勇气，就别开口谈梦想，因为停在嘴上的梦想永远不会实现。

你若做不到坚持，那就别想着进步了。

2. 有些坚持，要遵从内心

走你的路，做最真实的自己，毕竟你也没有因为自己的路而让他人无路可走——只有勇往直前，你才会摆脱偏见。

一

小珂是一个温和的姑娘，毕业后在一家文化公司做策划工作，不到三年她就当上了总监。

对于她的升职，我完全不觉得意外，毕竟一个努力而且有天赋的姑娘是不会被埋没的。

我跟小珂是在一场活动策划中认识的，那时候我们在合作一本新书的发布会，在一起讨论活动的流程和细节时，我就发现她是一个特别有能力的姑娘。在很多问题上，她都有真知灼见，而且行动起来简单，效果却异常突出。

此后，我们又一起策划组织了很多活动，比如带着团队在各地做宣传。

然而，一个人仅有天赋是不够的，小珂能在这样的活动中崭露头角，完全凭借的是本人的努力。初到公司的时候，事事她都在跟着老员工干，甚至可以说，入职一个月来她几乎都是在打杂。

因为是新员工，在很多事情上面她总是受人打压，这让她一开始过得特别压抑，也特别累。同事一有苦活儿就找她干，但她从来不抱怨——只要能学到本事，她都乐此不疲。

“当时我心想，只要能够适应环境，做什么事情都没关系，毕竟自己刚进公司，很多工作内容都不熟悉。”小珂说。

在那样的情况下，每天除了打杂之外，在空闲的时候她就会去了解公司的业务，连吃饭的时候也不忘请教老员工。所以，她很快就掌握了大部分活动的策划流程，以及要求和风格。

有一次，一场活动结束后，主持人将主办方最终需要评分和总结报告的资料随意放在了舞台上，结果布展公司的人把设备收走以后，资料不见了。

然后，公司以及主办方的人急得团团转。活动负责人也难辞其咎，四处受气不说，还找不到一点头绪。

作为打杂人员，小珂向来没机会发言，这一次她自掏腰包，打车前往布展公司。在给人许诺后，她便在设备里开始寻找资料——当大家在公司里为此事追究责任的时候，她在这头忙得大汗淋漓。

幸运的是，最后小珂找到了那份资料。当她把资料送回公司的时候，大家都不太相信这是她做的。

可能人就是需要这样的转折吧，一场活动上出现的小插曲，让小珂有机会开始接触策划活动了。

有一次，一家商场新开业，需要做一次大型体验活动，总监毫不犹豫地将这个业务交给了小珂。原因很简单：她来公司这么久了，正好借此机会考验一下她的实战能力。公司有很多这样的业务，即使小珂做不好，对公司的影响也不大。

可能是工作的热情积蓄已久，在这场活动中，小珂每天都起早贪黑，反反复复设计了三个方案，最后总监对她的策划感到耳目一新。

最后，那场活动办得特别成功，商场老板原本说给二十万元的策划费，最后追加了五万元。对公司来说，这虽然不是大单子，但小珂的策划像是给公司注入了新血液一般，让大家对她的新思路有了一定的了解。

二

小珂接任务的机会越来越多，很多老业务员开始不满了，他们总是在私底下对她说三道四的。这一点她早就已经有所耳闻，所以，有一次总监让她负责一个大单子的时候，她犹豫了。

她说：“现在有很多同事都对我不太满意，这时候还把这样的大单子交给我，合适吗？”

总监一脸无奈地看着她，说：“你是不是没能力做这个活动，还是说你害怕自己做不好？”

“我当然有信心把活动做好！”小珂铿锵有力地说。

“那不就结了？同事对你不满意有什么呢？你看每次歌唱节目选秀的时候，我怎么没见他们由于对方的不满意而自动退出呢？”

小珂笑着从总监的办公室里走了出来，以一种更加饱满的姿态去看待周围的一切。打杂不再是她干的事情，她也不再在意别人对她的意见，毕竟大家都是在为公司创造利润，自己也没做伤害他人的事情。

那是一个大活动，总经理亲自督促，在每个环节上，小珂都直接向总经理汇报情况。那场活动原本的预算是七十万元，最后她以四十万元的费用把整个活动顺顺当当地办完了。

客户对活动流程以及效果非常满意，而领导当然也很高兴，因此对小珂做出了很高的评价。

三

我和小珂认识后，我就知道她是一个很有天赋的人。一来二去的，我们成了工作上的伙伴，生活中的朋友，经常会在一起聊天。

不久，他们公司开了一家分公司，她被调到分公司做策划总监，或许这就算是升职了。那天，她特别高兴地跟我分享了这一消息，我一点也不意外，毕竟这是努力的她应有的收获。

作为策划人员，小珂对市场有着敏锐的洞察力，每一次策划活动之前，她都会分析参会的各种人群，然后根据各种人群的心理以及活动目的去切入——毕竟想要在所有人中寻求一个共同点不太容易，所以，她会尽可能策划出符合市场需求的方案。

我也很佩服小珂的策划以及组织、应变能力，每次活动无论人员有多少，她都能统筹安排，设备以及灯光总是能够按计划顺畅地配合活动来进行。

有时候为了避免中途混乱，她会亲自将活动流程写下来，分发到工作人员手里，然后协调配合。

每一次，邀约客户或是相关单位及公司的人员吃饭时，她总能够把一切协调好。以前我很难相信一个女孩子不喝酒也能做好公关，可是看到她后我信了，因为她会尽可能地让你以最小的成本获得最大的效益，而且思路新颖。

我们在工作中总会遇到这样的问题，有人会因为我们的进步而感到嫉妒，但不管怎样，我们不能停下自己的步伐，因为，你完全没必要因为他人而改变自己的步伐，更不需要因为他人的看法而自己放弃。

走你的路，做最真实的自己，毕竟你也没有因为自己的路而让他人无路可走——只有勇往直前，你才会摆脱偏见。

3. 关键时刻选择放弃，那你不知道会错过什么

给自己修炼一颗平静的心，不要事事急于求成，不要在该沉默的时候选择浮躁，别因自己轻言放弃失去机会。

一

可能很多人看过这样一幅漫画，内容大致是这样的：两个人同时在地下挖黄金，下面的一个人在离金矿不远的地方放弃了，无功而返；而上面的一个人尽管离金矿还远，但仍然在努力地挖着。对比一下，两个人的结果可想而知。

这幅漫画极具讽刺性，同时也值得我们深思。

有时候，我们做足了该有的准备，却以为成功遥遥无期，看不到希望，于是选择了放弃——不知道或许只差最后一步就可以实现目标，最终与成功擦肩而过。

别做一个轻言放弃的人，除非你努力的方向错了，那样选择放弃无可厚非。如果前进方向是对的，你又付出了很多精力，却中途选择放弃，这种意志不坚定的态度可能会让你在未来的生活中失去更多的机会。

二

陈兵是我在房地产公司上班时认识的小伙子，他大学学的是市场营销，毕业后就找了房地产销售工作。作为一名销售人员，所有专业知识的运用不过是纸上谈兵而已，真正的能力还得在实践中提升。

刚到公司时，陈兵很有上进心，每天会跟着有经验的同事学习，也常常会一个人加班整理客户资料，到各个楼盘做调研，根据客户提供的需求做出分类，在下班后给有意向的客户打电话。

尽管陈兵很努力，但几个月过去了，他的业绩并没有多大的提升，除了客户资料多了些，几乎没有什么值得一说的地方。但他的努力都被总监看在了眼里，他的某些销售意见以及有针对性的见解也得到了领导的认同。

半年后，在其他同事的带领下，陈兵的业绩有所提升，他也更加努力了，每天一个接一个地往外打电话。他说：“网大了，你总能捞到点什么。”

那时候，陈兵一个月至少能卖出一套房子，有时候甚至是两三套。可年终时职位得到提升的并不是他，而是那些业绩平稳上升的人。

陈兵有点愤愤不平，在公司的年会上说自己要辞职。我问他原因，他说公司对他不公平，他的成绩众所周知，自己却没有得到应有的回馈。

同样作为员工，我无法做出评论，毕竟职位的调动不是下属能够决定的。所以，我说："坚持做下去，你总会等到升职的那一天。"

陈兵端起酒杯示意我干杯，然后苦笑着说："明天我就走了，有机会再联系。"

后来，经理意味深长地跟大家说："陈兵辞职的原因很多人都知道吧，他的业绩的确增长很快，可我也在这段时间里看出了他的急躁——作为一名销售人员，我们不可以有这样的心态。在任何情况下，我们都要平和，要判断客户所需，一个急于求成的人怎能做好销售呢？我没有给他升职，就是想磨磨他的性子，可他耐不住。"

社会的竞争就是人才的竞争，像陈兵这样有能力的人，公司的确需要，但就在离晋升只差一步的时候，他选择放弃了。在我们那个销售团队中，有很多足够优秀且努力的人，尽管他们业绩并不那么突出，但总是会在指定的时间内完成目标。

有很多升了职的人，他们并不只是业绩有多好，还包括他们在公司和客户心里所树立起来的形象——公司和客户都信任他们，他们会为公司的销售不断努力，会为客户的满意度不断努力，所以，获得升职是水到渠成的事。

三

后来，陈兵给我打电话，说他换了好几份工作，但无论做什么工作，他都尽自己最大的努力去做了，可领导好像就是看不到他的努力，晋升机制在他面前形同虚设，付出与收获不成正比。

“如果能在一个地方多待一段时间的话，你可能会有机会，你不要那么早就选择离开，这对你的努力来说本身就不公平。”我劝道。

“没办法继续待下去，我等不及，只能选择跳槽。”陈兵叹了一口气说道。

陈兵是付出努力了，但他过早地放弃了。过了这么久，换了这么多工作，他依旧是老样子，这的确是一件让人不可思议的事情。他所在意的是公司没有看到他的努力，而并不知道自己每离开一次，一切都将前功尽弃。

暂且不说那些公司对他公不公平，就自己经常选择离开这事，对他来说本身就不公平。要做到有所成就，就得付出相应的努力，而那少不了耐性。耐不住性子，无法在一个地方坚持下去，怎么会有机会呢？

毕业两年了，陈兵还在各个公司之间漂泊不定，在一个地方工作几个月就到另一个地方去，对自己的信誉来说并非好事，对以后自己的求职也不利。

如果他总是这样急于求成，在关键时刻选择放弃，那时间长了之后，很多公司很可能就会放弃他，毕竟山外有山，人外有人，你能做的别人同样能做，而人家也总不会选择一名大龄又急于求成的员工。

我跟陈兵偶尔会有联系，后来他回老家开了家超市。先不说他放弃那些工作是不是错误的选择，或许对他来说，那就是他的风格，就算重新来一次，他照样会选择那样的路。

可我相信，如果他能够坚持，那么，凭借他的能力总会谋得一个更好的职位，并在自己的职位上做出一番成就来。而选择放弃的他，也不可能知道自己会错过什么。

四

做任何事情都是这样，可能你很久都没看到希望了，倘若前进的方向没错，你也愿意再坚持一会儿，那么，渺茫中或许你会看到一丝希望。当你再奋力前进一步，看到的可能就是整个世界的阳光。

相反，在即将看到希望的时候选择放弃，那么，余生你就好好待在黑暗里吧，你也不会知道放弃让自己错过了五彩斑斓的人生。多年以后，你只能看着别人的成功望洋兴叹。

给自己修炼一颗平静的心，不要事事急于求成，不要在该沉默的时候选择浮躁，别因自己轻言放弃失去机会。是你的总不会将你遗忘，你也不要拱手让人。

4. 梦想不会辜负执着的人

当你不抛弃梦想的时候，梦想也一定会眷顾你。

一

跑龙套的人有很多，但没跑过龙套的人永远不可能感受到那种滋味。同一部电影中，光环都在那些明星上面，而群演则是路人甲、路人乙——在现场得不到重视，吃的是普通盒饭，有时候没人邀请演戏的话，可能连吃饭都成问题。

梦想从来不会辜负执着的人，王宝强被导演看中，从此一炮而红，奠定了他在演艺圈中的地位。倘若王宝强不成功，此时他可能还在跑龙套，也许有人会疑惑：既然有一天没一天，吃了上顿没下顿的，何必还要那么固执呢？

其实，有这种疑惑，那是没体会过为梦想而努力奋斗的快乐，因为一个人有了那种执着，可以达到废寝忘食的境界。

他们之所以执着，是因为相信生活总会有拨云见日的一天，每一天自己都可能会有意外的收获。所以，他们一直努力着。

二

朋友老郑在大学学的是学前教育，我们都对他选择这个专业感到无比好奇，所以定论就是：一个男生学学前教育，没前途不说，简直是自毁前程。

二十岁当头的年纪，总会有很多人说，那时候的决定多少有些冲动，完全没经历过人生，所以不懂得现实的残酷。但又有谁知道，年龄再小的人，心里也可能会有天大的梦，而老郑的梦就是开一家属于自己的幼儿园。

心中有梦，就不怕任何闲言碎语，所以，老郑也就坚持着走过来了。毕业那会儿，我们以为他会找一家幼儿园去工作，可他并没有，而是在家乡的小镇开办了自己的私立幼儿园，那也是小镇上唯一的幼儿园。

创业的开始往往都不顺利，因为办齐各种证件需要一个很长的过程，幼儿园第一年才招到了二十几个孩子。但老郑并没有因此而失望，而是垫钱请了老师，还让父母做了厨子，他一面四处招学生，一面自己当司机，还要经常往县城的教育局跑。

老郑把家里的积蓄全都拿了出来，仍旧没见到收益，有人劝他放弃。然而，心中的梦想早已经燃成了熊熊烈火，别人就算说到天降大雨，都无法将他的梦想浇灭。于是，他选择了贷款。

幼儿园里的三名老师看到了老郑的坚决，也就安心跟着他经营幼儿园了。

孩子从二十几个发展到五十几个，再到一百多个，经历了一年的时间。那时候，各种证件全部到手了，从此，他就开始大规模扩招。两年过去，幼儿园到现在已有两百多人的规模。

我们都为老郑的成功感到惊讶，而且“二孩”政策放开后，学校的规模也会越来越大，几年后，他的事业会越来越好。那时候我才知道，原来，他的梦想就是填补小镇没有幼儿园的空缺，把幼儿园做出规模，做出自己的特色。

如今，老郑的事业节节上升，在小镇上算小有名气的人物。看到他今天的辉煌，很少有人会知道他一个人办证件、当老师、当司机的日子，有时候他忙到凌晨一两点才睡觉，早上四五点就得起床检查车，准备接学生。

没人知道那时候他是如何坚持过来的，也没人有心思去管那些已经过去了的事情。我想他能够坚持走过来，而且义无反顾地走下去，并且不会因为外界的声音而动摇，一定是因为内心颇为强大，实现梦想的意志异常坚定。

三

每个人都有梦想，但不是每个有梦想的人都能实现梦想。不过，我一直相信，实现梦想不仅需要努力，还需要无比执着的内心和无比坚定的信念。现实常常会在我们看到希望的时候来几个晴天霹雳，唯有经得住打击的人，才能昂首向前。

我常常会听到有人说谈梦想就是扯淡，归根结底都要被生活淹没。听到这样的话，我感觉无比滑稽，有梦想都不去抓住，不去努力实现，那就算到天涯海角也会一样平庸。

还有一种声音是："这件事太难了，大家都做不了，我怎么可能做得了？"

受他人影响而动摇自己，这样的人生想想都觉得可悲。我们的人生不是在模仿他人，而是要活出自己——他人的成功与失败并不是我们要走的路，只有我们自己走过了，才能知道最后的结果。

电影《当幸福来敲门》中有这样一句台词："如果你有梦想，就要去捍卫它。"

我特别喜欢这句话，当你把梦想视为自己生命中不可或缺的一部分时，那么，无论现实是什么样子，你都不会将梦想抛弃，而且会竭尽全力去实现它。而我们本身就该有这样的姿态，不能让梦想只停留在嘴上。

当你不抛弃梦想的时候，梦想也一定会眷顾你。那些所谓的失败，可能就只差最后那百分之一的努力，而仅仅一步之遥，你就与自己想要的东西失之交臂了。余生的时间，你只能用来悔恨。

5. 怕累的人，注定到不了远方

怕苦怕累的人永远不可能走得远，你只求安逸的话，生活不会有精彩和惊喜的。

一

从上中学时开始，我就想在未来的日子里一定要走得离家远一点，到更大的地方去看看外面的世界，而不是留在小地方庸庸碌碌地过完一生。

我没有明确的目的地，只想着走得越远越好。

因为总想着到更远更大的地方，初中和高中我都是在离家越来越远的城市读的，大学也特意报了外省的学校。在一个更大的城市生活，离家千里之遥，我坚定地认为那会是我梦想的起点。

走远的好处是，你看到的事物多了，也会在这一路上遇到形形色色的人，然后不断改变自己，以适应不一样的环境。但这一路上你并不会一帆风顺，总有些磕磕绊绊，如果你没有因此而退缩，已然就算成长了。

我们家乡的很多老人从未走出过小镇，少部分走得算较远的也只是到过市里，去过省城的也是屈指可数，出省的更是寥寥无几。他们从出生开始，就把自己的余生献给了故乡，从哪里出生，就从哪里离开。

这样的生活方式未尝不好，与世无争，倒也过得清闲自在。但在这个瞬息万变的时代，年轻人不该局限在那样的环境里，不能用安稳来埋葬属于这个年龄该有的拼搏姿态，而要用一颗炽热的心去寻找更好的未来。

到更大的地方去拼搏，并不是轻而易举的事。脱离固有的生活，用另一种模式开始未知的生活，或许会有更上一层楼的收获，也可能会一无所获。这需要有莫大的勇气、坚韧以及决心。

我一直都很佩服那些在北上广奋斗的人，“北漂”这个名词就像是一个魔咒，在他们身上无法解下——在偌大的北上广，他们像是一群颠沛流离的流浪者。

有人好奇，为什么宁愿在大城市里过苟且的日子，也不回到故乡的小城市，每天丰衣足食又清闲自在，多好。

在北上广求生活谈何容易，物价高，房租涨得比工资快，生活节奏紧张，压力大。“不怕鬼，不怕神，就怕房东来敲门”。房租交完以后，手里的钱所剩无几，接下来的日子又要省吃俭用，每天早起赶地铁公交。

但这样坚持下来的结果是：经历过那样的酸甜苦辣，经受过那样的工作压力，总会让自己的心更加坚定，在日后面临困难问题时能够冷静、理性地去处理。

所以，总认为在北上广漂泊是自找苦吃的人，不会明白追求的意义，更不会看到生活的精彩。毕竟，在北上广也不会败落到那种惨不忍睹的地步。

二

秀秀是我在一个书友会上认识的朋友，当时她从上海来合肥，就为了参加某作家的书友会。在提问环节，我对她所提问题的印象极为深刻，活动结束后她一个人坐在咖啡馆里整理笔记，我走过去跟她打招呼。

我们聊到了那位作家的作品，也聊到了写作，才知道她从上海远道而来就为了参加这样一个书友会，晚上又得赶高铁回上海，明早还得上班。

秀秀跟我说，高中未曾毕业她就到了上海，初来乍到的日子过得很难，因为很多工作都需要受过高等教育的人，而她连高中毕业证都没有。于是，她只好在一家餐厅里找到一份服务员的工作，一有闲暇便在员工宿舍里看书。

“没有文凭，就只能在业余时间抓紧提升自己。”秀秀说。

于是，靠着读书的毅力，秀秀用自己挣的钱买了电脑，自学计算机，不上班的时候常常会到图书馆看书，并开始写作。就是因为那样的机会，她认识了现在的老板，一家咖啡店的经理。

当时，经理看秀秀每个星期都会参加书友会，就开始留意起她来，两人也就是在交流中不断熟络的。

最后，她辞掉了餐厅的工作，到咖啡店做起了店长。对咖啡一窍不通的她，改变了咖啡店的经营理念，将阅读书籍带入了咖啡馆。

我与秀秀依旧保持着联系，大多数情况下都是因为分享某个作家的作品，或者相互探讨各自的文章。

有一次，一个朋友问我到上海找工作怎么样。对于没在上海生活过的我，不能以自己的主观臆断来给人建议，于是便去请教秀秀。

我问她在上海是不是很难生存，她发了一个惊讶的表情，接着说："难只是相对的，只要你不怕苦不怕累，总会适应这边的生活。"

那时候我突然意识到，自己同样陷入了一个误区，那就是认为只要是到北上广就一定要吃苦，一定会过艰难的生活，而且很难找到出路。

不可否认，初到北上广需要付出更多常人没付出过的努力，之后才可能找到一席之地。可永远抱着一颗到北上广就一定是吃苦的心而不去闯一闯，那么，你永远也不可能真正融入北上广的生活。

所以，怕苦怕累的人永远不可能走得远，你只求安逸的话，生活不会有精彩和惊喜的。

三

大多走得一帆风顺的人，经不起突如其来的变故，内心也可能极其脆弱——在面对很多艰难的事情时，他们总会手足无措。怕苦怕累，总想着每天的工作轻松无压力，那么，你整个人都会失去前进的动力，止步不前。

趁年轻，别老是怕苦怕累怕没结果，你不试一试，怎么就知道不可能呢？年轻正是生命赋予你的资本，万千可能只有在这时候你才能把握，一切尚早，你又何必害怕重来？安安稳稳的日子固然好，可别忘记你的内心也曾激情澎湃。

怕累的人，不可能走得远；不怕累的人，总会看到别人看不到的风景，做到别人做不到的事情，收获别人得不到的东西，人生也会因此更加五彩斑斓。生活不是选择温床的过程，而是不断寻找和奔忙的过程。

6. 按自己的意愿去生活

按自己的意愿去生活，你一定不会有太多的烦恼，也才能体会到什么才是适合自己的生活。

一

不少人问过我一个问题，他们说我这么喜欢写作，难道写作就是我想要的生活吗?

我通常这样回答：“写作是我生活的一部分，而我的生活已经离不开写作。”他们通常会一脸懵地看着我，一副想说“简直是废话”的表情。

初一我是在镇上的中学上的，那时候几乎是天天逃课，因此除了认识几个朋友外，我并没有学到多少知识。

现在想起那时候认识的朋友，如今大多已为人父母，每个人也都过着不一样的生活。

苏玲就是其中之一。

我每天会在朋友圈里看到各种各样的动态，有人喜悦，有人悲伤，有人失恋，有人辞掉了工作。可能看多了也就习以为常，但让我觉得特别温馨的是，苏玲的动态似乎总是一种模式，她从来都没多少变化。

苏玲早晨的动态，就是分享给老公和两个孩子做的早餐，老公去上班以后，她又送孩子去上学；中午的动态是，做好午饭等老公回来；下午四点，准时到幼儿园接孩子，然后在微信里问老公晚上吃什么。

周末的时候，一家人就睡个懒觉，到中午起床。然后她给丈夫和孩子做饭，洗衣服和鞋——挂了一排的衣服，摆了一地洗得洁白的鞋。下午跟丈夫带着孩子出去玩，一家人逛逛超市，在街头吃一顿烧烤等。

看着她朋友圈的照片，有朋友在下面评论：你真的甘心过这样的生活吗？这么年轻应该出去工作才好。

苏玲说："一家人快乐地生活在一起，这很好啊！"

二

其实，我挺羡慕这样的生活，每天无忧无虑的，"你负责美貌如花，我负责赚钱养家"，不再颠沛流离，不因为工作朝九晚五感到烦恼，生活的烟火气每天都弥漫在家里，很温暖。

但很多人不看好这样的生活方式，毕竟靠男人养活并不一定会一直好。这样说也不是毫无根据，很多婚后的女人把家庭和照顾孩子作为第一要务，渐渐脱离职场当起了全职太太，可是一段时间之后才发现，其实这样的生活并不是最初想要的样子。

于是，夫妻之间的关系开始紧张，女人的处境逐渐变得糟糕，甚至受到歧视和指责，被冠以“靠男人生活的女人”。原本相处融洽的夫妻，因为这样的事情变得不和谐了，离婚的也不在少数。

我的前同事吴姐就因为回家当全职太太，半年后跟老公闹得鸡犬不宁，两人一见面不是翻桌子就是大打出手。吴姐无奈，不得不回到公司继续工作，可夫妻关系再回不到从前了，没过多久他们就离婚了。

所以，做全职太太要慎重考虑，如果家人不喜欢你做这样的选择，那你还是回到职场战斗吧，毕竟职场不光是男人的阵地，女人同样可以获得自己的地位。

做全职太太也可以，但不可将之作为职业，倘若家人支持，自己也有足够的经济能力，那在家照顾家人也未尝不好。就像苏玲一样，每天洗衣做饭，少了在外面摸爬滚打的忙碌，还把一家人的生活照顾得妥妥帖帖的。

你有理由觉得这样的生活没意义，我们不否认那些做过全职太太的人所遭受的一切，但并不是所有的全职太太都会有同样的境遇。至于怎样选择生活，那全靠个人意愿了。

三

阿丹是我的同学，她读的是学前教育。我们还在上学的时候，她就已经开始工作了。在故乡的小镇上，她天天与一群孩子打交道，不是唱歌就是跳舞——在我看来，那样的生活是极其枯燥乏味的。

所以，起初我觉得不可思议，想她怎么会选择待在故乡的小镇，而且还是在那么小的一所幼儿园里教孩子呢？

有一次回家，我到幼儿园去找她。中午孩子们睡下后，我跟她在镇上的面馆里吃面条。

阿丹说："我不喜欢到大城市去，其实在小镇上挺好的，天天跟孩子在一起也挺有趣的，我很喜欢这种波澜不惊的生活。"

听阿丹说完，我才发现，其实喜不喜欢只是我的个人偏见罢了。对于不喜欢待在一个小地方尤其是幼儿园教书的人来说，那样的日子可能是度日如年，但阿丹将之视若生命中必不可少且有乐趣的工作。

四

你所喜欢的生活，在别人看来也未必就适合他们自己，而别人所喜欢的生活你也未必会喜欢。所以，我们没必要去评论他人过的是什么生活，也别以我们的喜好去评论他人的选择。

喜不喜欢是相对的事情，但是不管做了怎样的选择，以及过着怎样的日子，只要自己喜欢，觉得愉快，那就别在意别人怎么看你，毕竟我们不是为了他人喜欢而去过日子的。

按自己的意愿去生活，你一定不会有太多的烦恼，也才能体会到什么才是适合自己的生活。只要能按自己的意愿去生活，还有什么事情你不能坚持，无法竭尽所能去做好呢？

7. 总有一种日子有人在过

别人选择什么生活总有他的理由，你不要用自己的价值观去给予评价。

一

小姑大学毕业后就回家考了公务员，在当地的小镇上做行政工作，每天跟都市白领一样朝九晚五，但工资与都市白领相差甚远。很多人对她的选择不解，一个如此优秀的姑娘，怎就甘心回到小镇当公务员呢?

这些话都不是空穴来风，毕竟在小姑毕业之前，省会的很多公司争相请她去上班，因此，有人就不解，问她考公务员是不是为求安稳?

“安稳倒是其次，主要是我喜欢这样的生活。”

很多同龄人说不喜欢这样的生活时，心里想的是外面那个更大的繁华世界，毕业后就想做一名都市白领，周末在咖啡厅看书，一坐就是一下午。所以说，无论什么生活方式都会有人喜欢，都会有人过。

每次回家，我去小姑工作的地方看她，她都异常高兴，会带着我在单位食堂吃饭，分享在那里工作的点点滴滴。看得出来，在那里工作她是发自内心地快乐，这不是因为她没追求，而是她本身就喜欢这样的生活。

二

初二时，我转学到了一所私立学校，半年后班主任和其他几位资深教师相约出去办私立学校。那时有传言说，班主任他们一定办不长久，毕竟私立学校太多了，在激烈的竞争下，新学校是很难生存下去的。

班主任跟其他几位教师都与学校签有就业合同，在合同期内出去办学，那就违约了。班主任临走前一晚，我们到他的住所送别，他说违约虽然对不起校长一路的支持，可是已有的计划不能改变，毕竟摆在面前任他选择的机会并不多。

校长通情达理，并没有对班主任以及其他老师有所刁难，他说："人各有志，我们不可能将属于蓝天的雄鹰束缚在笼子里，这不公平。"

事实也是如此，真正的雄鹰是关不住的，志在千里的人不可能会待在一个地方庸庸碌碌过完一生。

班主任的选择是他走向成功的第一步，后来经过几年的努力，他们学校的教学质量在周围的学校中脱颖而出——在他们学校毕业的学生，大部分都考上了重点初中和高中。

当很多在私立学校拿着高工资的老师畏惧风险和挑战的时候，班主任他们几个人就选择了创业这条路。创业的风险无可避免，但是，很多人的成功就是在历经风险，在无人敢走的路上寻找希望。

于是，你不敢走的路，你不敢去体验的生活，别人用事实证明了那些事情并没有你想象的那么可怕。就算失败了那又怎样，总有人敢去历经风险，结果无非就是一败涂地，或者功成名就。

三

S女士是我的初中同学，她从怀孕开始就辞掉工作，成了名副其实的家庭主妇。从职场退居家庭，她似乎转变得天衣无缝，每天会在朋友圈里晒老公孩子、晒洗衣做饭……

有一天，我在S女士的朋友圈看到一个老朋友的评论：靠老公过日子有乐趣吗？除了晒吃晒喝，乐趣在哪里？

S女士在后面回复了一句：你又不是我，怎么知道我没乐趣？

有一次，我们在网上聊了起来，S女士提到了自己眼下的生活。她说，很多人不理解她，说她是靠男人养的。

我说：“你老公希望你过这样的日子，恰好你也愿意，只要一家人没意见，那未尝不好。”

我经常会听到别人说这样的话：靠男人养的女人是无法幸福的，总有一天会活得没尊严。

说这句话的人多少有些片面，社会生活千姿百态，存在这种现象也不足为奇。每个人的家庭背景不同，价值观和选择当然会不同——忙碌了一天，回家就有一桌香喷喷的饭菜等着，是多么惬意的生活！

这些年来，我从未看到S女士说过什么抱怨生活的话，因为她的生活过得有滋有味：每天她除了接送孩子上学，还会开着车到郊区的农场买菜，去健身房锻炼身体，偶尔也会跟老公带着孩子出去旅行。

一个女人能过上这样的生活，是一种方式，也是一种优雅。在自己的生活里，她把点点滴滴都绘成了诗意的模样，尤其是一家人常有的笑脸，那是生活给予她最幸福的回馈。

四

有人想创业，有些人会说：“创业有风险，还是找份稳定的工作得了。”

有人想做导游，有些人会说：“导游好评率这么低，而且也不好做，还是算了。”

有人想开饭馆，有些人会说：“累人啊，天未亮就要起床进货，后半夜才能睡觉。”

有人想自驾游，有些人会说：“太危险了，而且费钱，还不如待在家里呢。”

有人想学驾照，有些人会说：“现在出行这么方便，何必费劲考驾照呢？”

……

在平静的生活中，总会有人扰乱你，试图去改变你的现状，但你所做的不是为了别人眼里三言两语的看法。所以，不要因为别人轻易动摇自己的决定，你需要一颗坚定的心。

就算你觉得别人过的日子毫无乐趣，也不要去妄加评价，你没有过那样的生活，不可能体会到其中的快乐。

没做过的事情，你怎么就知道没意义？如果所有人都觉得学驾照没必要，那么谁来开车呢？如果你觉得创业风险太大，人人都应该找一份稳定的工作，那么哪来这么多的职位呢？

别人选择什么生活总有他的理由，你不要用自己的价值观去评价。一样东西在你眼里是没价值的，但在别人眼里或许是奇珍异宝——不喜欢没关系，至少可以选择沉默。

在我们平凡的生活中，正因为有这么多的生活方式，世界才会如此多姿多彩。倘若某天所有人在做同一件事情，那我们的生活是不是都程式化了呢？就算那是你喜欢的生活，但那样长久下去，你不会厌倦吗？

8. 尊重别人的生活方式

世界如此精彩，就因为有不同的生活方式交相辉映，而正因为这些五彩斑斓的生活方式，才让我们的世界不再单调。

一

广场舞在我们家乡兴起时，一度有很多人反对，这些人的思想多少有些保守，总认为跳广场舞的人都不正经。时过境迁，那些曾经认为广场舞不正经的人，也都开始跳起了广场舞，因为他们跳过才知道，广场舞有它的乐趣和意义。

每天晚上，大家会准时到小广场集合，然后，步子随着节奏明快的音乐不断地移动。大爷们坐在一旁乐呵呵地笑着，有兴致的大爷还会跟着大妈一起跳，在场的人无不欢腾。

而在这之前，家家户户夜里闭门不出，晚饭后闲聊几句便会上床睡觉。这更像是一种循规蹈矩的模式，大家日复一日地过着，或许平静，但平淡无奇。

很多年轻人都鼓励自己的父母去参加活动。其实，老人的心里常常会觉得自己无所作为在生活面前可能显得孤独，但是，广场舞活动每天都有，那让他们觉得自己还可以做这样的事情，每天都有姐妹等着，还有观众的掌声，也就充满了期待。

就算你觉得这样的广场舞没意义，那也是他们的生活方式。

二

我爸特别喜欢跟朋友打牌，不管是寒冬腊月还是炎热酷暑，一有时间，他们就聚在一起，一打就是一个下午，甚至一整天。

我记忆最深的是，有一年夏天，父亲想早早出门去打牌，母亲一把拉住了他，说：“这么热的天在家歇着多好，别出去打牌了。”

父亲说：“我不怕热。”说完，便拿着茶壶出去了。

那天中午，仍不见父亲回来吃饭，母亲便让我去叫。我走到父亲打牌的地方时已经汗流浃背，薄薄的 T 恤粘在身上，特别不自在。

我看到父亲跟他的牌友们正打得精彩，看的人似乎也不感觉到热。看着父亲很有精神，尤其出牌的时候特别有劲，好像要把桌子给砸翻了似的，尽管额头上浸满了汗珠，可他完全沉浸在打牌的乐趣中。

晚上吃饭的时候，母亲抱怨道："大热天的，不知道在那儿坐着打牌有什么意思。"

我说："只要父亲开心，你就别管了。"

只有在打牌的时候，我才会看到父亲那么开心，而且笑得那么随意。在家的时候，他总是一脸的严肃，脸上很少会挂着笑容。所以，后来他去打牌，我都不会劝阻，既然那是可以让他开心的事，何不让他就那样开心下去呢?

后来，母亲买了个智能手机，经常跟她的一帮姐妹在微信群里聊天、唱歌。可父亲觉得不舒服了，说天天对着手机在那里唱歌有什么意义，还不如跟他出去打牌。但母亲觉得挺高兴的，于是，他们还为此争吵不休。

我跟父亲说："我妈喜欢跟她的姐妹唱歌，就像你喜欢打牌一样，只要她觉得开心，何尝不是好事呢? 难道天天安安静静地坐在家里，找不到事情做就好吗? 所以，只要觉得开心，那就别管这么多。"

母亲在跟她的姐妹聊天时会特别开心，平日里从来不会唱歌的她也只有在跟姐妹聊天的时候会自得其乐地笑着唱几句。我不懂得在那种情况下她的心情，但那时候的她一定非常开心。

三

我在朋友圈看到一位朋友分享了这样一句话：擅自评判别人的人生是否幸福，这本身就是一种傲慢自大的行为。

自大，或许是因为你总认为自己眼里的一切才是这个世界上最好的，而只有按照你的方式去生活，那才是最好的。可是，生活并不如此，用你的价值观作为标准去衡量他人，那不平等。

车尔尼雪夫斯基说："生活只有在平淡无味的人看来，才是空虚而平淡无味的。"所以，你该做的就是过好自己的生活，别在生活中失去自我。

弗洛姆在《人的境遇》中写道："人的生活不可能重复自己族类的他人的方式，人必须过自己的生活。人是唯一能感到苦恼、感到不满、感到被逐出乐园的动物。人是唯一意识到自己的生存问题的动物，对他来说，自己的生存是他无法逃避而必须加以解决的大事。他不可能退回到人类以前那种与自然和谐共存的状态，他必须优先发展自己的理性，使自己成为自然和自身的主人。"

每个人都是自己的主宰者，如果按照他人的意志去生活，那所有人都将失去自我，最终我们所看到的世界会变得不真实，缥缈而无新意。

四

每个人做出不同的选择，就会有不同的生活。在不同的生活中，就会有不同的际遇，这就是生活。

好与不好，不在于外人的评价；幸不幸福，只有自己知道。你尊重别人的生活方式，别人同样会尊重你的生活方式；而你总喜欢评论他人的人生，有人会视而不见，有人可能会觉得你在咸吃萝卜淡操心。

加斯帕说："世界之所以美丽，是因为有着各种各样不同的生活方式。我们在坚守自己原则的时候，也要多拿出一份耐心和精力去包容、理解别人的生活方式。只有这样，你才能得到别人的理解和尊重。这只是交际方式上的一点点改变，却足以影响你的一生！"

世界如此精彩，就因为有不同的生活方式交相辉映，而正因为这些五彩斑斓的生活方式，才让我们的世界不再单调。什么样的生活方式最好，这是没有标准的，仁者见仁，智者见智。在生活面前，请学会一分为二地看问题。

我们既要选择适合自己的方式过快乐的日子，也应尊重别人喜欢却与自己不同的生活方式。